ISBN 978-3-662-22890-6   ISBN 978-3-662-24832-4 (eBook)
DOI 10.1007/978-3-662-24832-4

Einlieferungstag: 7. Dezember 1911.

Referent: Professor A. Widmaier.
Korreferent: Professor Dr. Stübler.

Meiner geliebten Mutter
gewidmet.

Inhaltsverzeichnis.

Lebenslauf.

Ich, Christian Gugel, wurde am 1. September 1883 zu Göppingen als Sohn des verstorbenen Gärtnereibesitzers Chr. Gugel und seiner Gattin Magdalene geb. Bühler geboren. Ich besuchte daselbst die Oberrealschule, worauf ich nach Erlangung der Befähigung zum Einj.-Freiw.-Dienst als Volontär in die Maschinenfabrik von L. Schuler in Göppingen eintrat. Nach zweijähriger Werkstatt- und einhalbjähriger Bureautätigkeit erwarb ich mir nachträglich die Reife zum akademischen Studium, das ich im Jahr 1904 begann und im Jahr 1908 mit Bestehung der ersten Staatsprüfung (Diplomprüfung) vollendete. In den Jahren 1908 bis 1910 stand ich im Dienst der Kgl. Württembergischen Staatseisenbahnen, worauf ich im Dezember 1910 die zweite Staatsprüfung im Maschineningenieurfach einschließlich Elektrotechnik ablegte. Anschließend hieran beschäftigte ich mich mit der Ausarbeitung der vorliegenden Dissertation.

Einleitung.

Wenn wir zuweilen den gewaltigen Aufschwung der Technik betrachten und die anfänglichen Spuren ihrer fortschreitenden Entwicklung aufsuchen, so kommt es uns vor, als stünden wir vor einem mächtigen Baumriesen, der stolz seine Krone zum Himmel emporhebt und seine knorrigen Zweige weithin über die Erde ausbreitet, dessen Wurzeln sich bis in alte Zeitperioden zurückschlagen und an dem sich, als einer teilweisen Schöpfung des Menschen, der menschliche Gedanke emporrankt.

Der Aufschwung hat eine Teilung der Technik nach Fachgebieten gezeitigt, die sich nach ihrer Eigenart unter dem Einflusse des Kulturfortschritts, sozialer und technischer Faktoren teils abhängig, teils unabhängig voneinander entwickelt haben. Unter diesen Gesichtspunkten erscheint uns auch das Fachgebiet des Werkzeugmaschinenbaues und in seinem spezielleren Teile der Blechbearbeitungsmaschinenbau. So jung dieser Zweig der Technik beim ersten Anblick erscheinen mag, so lassen sich doch die Spuren bis in die Urzeit zurückverfolgen, in der wir dem einfachen Werkzeug als einer Geistesschöpfung des Menschen begegnen. Noiré sagt: ,,Wie die Worte, wie die Vernunft sind die Werkzeuge gewachsen und geworden in allmählichen Übergängen, und selbst da, wo wir am äußersten Horizont der vorhistorischen Zeit eine beschränkte Anzahl ganz einfacher und selbstverständlicher Werkzeuge auftauchen sehen, erblicken wir nur letzte Glieder einer unermeßlich langen, ununterbrochenen Tradition von Formen, deren Reihe wieder herzustellen uns heute außerordentlich schwierig, wohl gar unmöglich scheint, da sich dieselbe in ein vorweltliches Dunkel verliert, in welchem Werkzeuge und Geräte nur wenig charakterisiert in unbestimmter Allgemeinheit verschwimmen.''

Wie im allgemeinen, so hat auch im besonderen jede Vorrichtung ihre Entwicklungsgeschichte, und wir sehen in einer solchen in ihren verschiedenen Variationen nur ein Glied resp. das jeweilige Produkt einer kürzeren oder längeren Entwicklung.

Besieht man sich die Materialzuführungsvorrichtungen, so zeigen uns die Ausführungen von der einfachsten Handzuführung bis zur kompliziertesten automatischen Zuführung eine fortschreitende Entwicklung. Diese Entwicklung war von mancherlei Faktoren bestimmt, in sozialer, in wirtschaftlicher und in technischer Hinsicht; so waren es hauptsächlich die Gesichtspunkte einer Erhöhung der Leistungsfähigkeit der Maschinen, Vereinfachung der Bedienung, Erhöhung der Genauigkeit der Arbeit, besserer Ausnutzung des mit einem bestimmten Wert ausgestatteten Materials und der durch die Rücksicht auf das Wohl des Arbeiters bedingten Unfallverhütungsmaßnahmen.

Überall ist es der menschliche Geist, der, bestimmt durch diese Faktoren, Formen und Ausführungen schafft, die den jeweiligen Bedürfnissen entsprechen; dieser ist es aber auch wiederum, der die Vorgänge, denen bestimmte Gesetze zugrunde liegen, erforscht und in Formen zu bringen sucht, was sich im kausalen Zusammenhang von Ursache und Wirkung täglich vor seinen Augen abspielt. Diese letztere Tätigkeit stellt das Fachgebiet auf soliden, festen Grund und macht es zur Wissenschaft; denn es ist wahr, wenn der Philosoph Kant sagt: „In allen Disziplinen ist nur soviel wahre Wissenschaft, als sich reine Mathematik in jeder einzelnen befindet."

Der Zweck der vorliegenden Arbeit ist, einen kurzen Überblick zu geben über die Materialzuführungsvorrichtungen an Exzenter- und Ziehpressen, wie sie sich im Laufe der Zeit herausgebildet haben, wobei jeweils die leitenden Gedanken besondere Berücksichtigung und Prüfung finden sollen. Außerdem sollen aber auch die mathematischen Grundlagen der hauptsächlichsten Vorrichtungen festgelegt werden, auf denen weitere Betrachtungen aufgebaut werden, die eine sachlich kritische Prüfung zulassen. Diese Betrachtungen werden Gesichtspunkte und Grundlagen für die Neukonstruktion von Materialzuführungsvorrichtungen abgeben. Die Ausführungen sollen soweit als möglich durch Versuche unterstützt werden.

Über Materialzuführungsvorrichtungen ist meines Wissens eine ähnliche, praktischen Bedürfnissen entsprechende Abhandlung nicht vorhanden; überhaupt muß mit großem Bedauern ausgesprochen werden, daß das Material an Literatur, insbesondere an wissenschaftlichen Abhandlungen im Blechbearbeitungsmaschinenbau noch sehr klein ist.

Um der Aufgabe gerecht zu werden, sollen die Materialzuführungsvorrichtungen in vier Gruppen eingeteilt werden, und zwar nach der Beschaffenheit des Arbeitsstückes:

I. Gruppe: Vorrichtungen zur Zuführung von ganzen Blechtafeln.

II. Gruppe: Vorrichtungen zur Zuführung von Blechstreifen.

III. Gruppe: Vorrichtungen zur Zuführung von vorgearbeiteten Blechformen.

IV. Gruppe: Kombinationen von Gruppe I bis III.

Die Einteilung nach der Beschaffenheit des Arbeitsstückes läßt eine verhältnismäßig leichte Sichtung des vorliegenden umfangreichen Materials und bequeme Einreihung der heute vorkommenden, zum Teil sehr verschiedenartigen Ausführungsformen zu und wurde deshalb gewählt. Von einer Einteilung etwa nach Art des Antriebs oder nach Art der zur Zuführung benutzten Bewegung (geradlinig, rotierend, etc.) wurde abgesehen. Hiermit wird auch jeweils das charakteristische Merkmal jeder einzelnen Gruppe angedeutet.

Nachstehende Zusammenstellung gibt einen Überblick über die Haupttypen der Materialzuführungsvorrichtungen, welche den der betreffenden Gruppe jeweils entsprechenden Zweck erfüllen.

I. Gruppe.

Vorrichtungen zur Zuführung von ganzen Blechtafeln.
1. Perforiermaschine.
2. Zickzackpresse.
   a) halbautomatische;
   b) automatische.

II. Gruppe.

Vorrichtungen zur Zuführung von Blechstreifen.
1. Walzenspeiseapparat in verschiedenen Ausführungsformen.
2. Greiferspeiseapparat (D.R.P. 108939, 55082, 193563).
3. Mit schwingender Zange (D.R.P. 45655).
4. Mit schwingendem Greiferhebel (D.R.P. 81486).
5. Mit elastischem Vorschubarm (D.R.P. 89 097).
6. Mit geteiltem, durch Kurbelbetrieb bewegtem Schlitten.
7. Mit Riemenscheibe und endlosem Riemen.

III. Gruppe.

Vorrichtungen zur Zuführung von vorgearbeiteten Blechformen.
1. Revolverapparat in verschiedenen Ausführungen.
2. Zuführung bei Pressen zum Ausstanzen von Dynamoblechen, Sägeblättern usw.
3. Schieberapparat.
4. Schrittweise bewegte Transportplatte (D.R.P. 124 832).
5. Beständig umlaufende Scheibe und Greiferplatten.
6. Zuführung durch Transportketten (D.R.P. 167 756).

IV. Gruppe. Kombinationen.

Walzenapparat kombiniert mit Revolverapparat, oder Walzenapparat kombiniert mit Schieberapparat.

Ein Blick in die Kataloge der großen Firmen für Blechbearbeitungsmaschinenbau zeigt, daß Gruppe II und III vorherrschen und die Ausführungen des Walzenspeiseapparats einerseits und des Revolverapparats andererseits weitaus am häufigsten Verwendung finden. Aus diesen Gründen sollen auch diese beiden Vorrichtungen hinsichtlich der mathematischen Behandlung besonders berücksichtigt werden.

Der allgemeine Zweck der Materialzuführungsvorrichtung ist, der Presse das zu verarbeitende Material so zuzuführen, daß es zur rechten Zeit und am rechten Orte sich in den Arbeitsprozeß der Presse einfügt. In früheren Zeiten ließ sich diese Zuführung den Anforderungen jener Zeit gemäß noch durch die Hand des Arbeiters allein bewerkstelligen; doch die Entwicklung der Technik unter dem Einflusse der schon erwähnten Faktoren ließ die Handzuführung, weil sie zum großen Teil von der Intelligenz und Leistungsfähigkeit des Arbeiters abhängig war, bald als unzureichend erscheinen. Zu diesem anfänglichen Zwecke traten noch neue Gesichtspunkte, die im Laufe der Zeit zu wesentlichen Kriterien für die Beurteilung einer Materialzuführungsvorrichtung geworden sind.

Wenn wir eine Materialzuführungsvorrichtung beurteilen sollen, so dürften hierfür im wesentlichen folgende Gesichtspunkte maßgebend sein, von denen aber einzelne je nach dem speziellen Zwecke der Vorrichtung an Bedeutung gewinnen oder verlieren können.

1. Die Zufuhr des Materials zur Presse resp. zum Arbeitswerkzeuge muß so erfolgen, daß dem jeweiligen Zweck entsprechend, das Material sich zur rechten Zeit und am rechten Ort in den Arbeitsprozeß der Presse einfügt.

2. Die Materialzuführungsvorrichtung sollte nach ihrem Hauptzweck eine Erhöhung der Leistungsfähigkeit, Vereinfachung der Bedienung, größtmögliche Ausnutzung des Materials und einen wirksamen Schutz gegen Verletzungen des Arbeiters gewähren; außerdem sollte die Arbeitsgenauigkeit möglichst groß sein und die Vorrichtung selbst hohe Betriebssicherheit besitzen.

3. Der Schaltmechanismus der Vorrichtung sollte möglichst einfach, seine Abnutzung gering, die Geschwindigkeits- und Reibungsverhältnisse günstig und außerdem der Kraftverbrauch niedrig sein.

4. Die Materialzuführungsvorrichtung sollte die volle Ausnutzung der höchsten möglichen Arbeitsgeschwindigkeit der Presse selbst zulassen, ohne daß nachteilige Erscheinungen, wie Schleudern, Gleiten des Materials usw., auftreten; auch sollte ein Einfluß der Form des Werkstückes, wie z. B. Blechstärke, Blechbreite usw., auf die Genauigkeit nicht vorhanden sein.

Zu diesen allgemeinen Gesichtspunkten können noch spezielle hinzukommen, je nach Art und Ausführung der Vorrichtung, die jeweils bei der Betrachtung Berücksichtigung finden sollen.

Die Rentabilität einer Materialzuführungsvorrichtung, die bei Massenherstellung stets als vorhanden angesehen werden darf, sei als selbstverständlich vorausgesetzt und braucht deshalb bei der Beurteilung der einzelnen Gruppen nicht berücksichtigt zu werden.

Da wir es im Maschinenbau nicht mit ideellen, sondern mit materiellen Systemen zu tun haben, so müssen wir von vornherein mit den Eigentümlichkeiten rechnen, die letzteren ihrer Natur nach anhaften und der praktischen Ausführung hinsichtlich Genauigkeit und der größtmöglichen Annäherung an ideelle Systeme gewisse Grenzen setzen.

I. Vorrichtungen zur Zuführung von Blechtafeln.

Bei der Bearbeitung von ganzen Blechtafeln kann man zweierlei Arten unterscheiden, nämlich:

1. das sogenannte Perforieren, bei dem die bearbeitete Blechtafel als solche nachher Verwendung findet (Perforiermaschine);
2. das Ausschneiden (Ausstanzen), das nur einer Teilung der Blechtafel in bestimmte Formen gleichkommt und wobei nicht die Blechtafel selbst, sondern die ausgeschnittenen Formstücke zur weiteren Verwendung gelangen (Zickzackpresse).

Der Arbeitsprozeß des Perforierens ist schon ziemlich alt, während die zweite Art, bei der die Blechtafel in Scheiben etc. geteilt wird, erst in letzter Zeit mit besonderem Eifer aufgenommen worden ist. Der Grund dafür liegt, wie wir noch sehen werden, in einer erhöhten Materialausnutzung.

1. Zuführung bei Perforiermaschinen. Zur Aufnahme und Beförderung der zu lochenden Blechtafel durch die Werkzeuge dient ein Tisch, der in zwei zueinander senkrechten Richtungen beweglich angeordnet ist. Der Antrieb, d. h. der Vorschub des Tisches in der Längsrichtung erfolgt durch eine verstellbare, mit dem Schwungrade verbundene, auf der Achse lose laufende Schaltscheibe, die mittels Zugstange und Schaltklinke auf ein verzahntes Schaltrad treibt, das auf der Antriebwelle des Tisches befestigt ist. Die Seiten-, d. h. Querschaltung erfolgt meist von Hand unter Anwendung von Wechselrädern, die je nach der Teilung des Vorschubs ausgewechselt werden müssen. Der Schaltmechanismus für die Längsbewegung ist häufig für Vor- und Rücklauf eingerichtet, was durch Anordnung zweier Zugstangen mit zugehörigen Schaltklinken erreicht wird. Beim Arbeiten der einen Klinke ist die andere stets ausgehoben; auch kann man den Vorschub meist an beliebiger Stelle selbsttätig unterbrechen, ohne in der Abstellung von Hand gehindert zu sein. Beim Lochen nach nur einer Richtung wird nach erfolgter selbsttätiger Auslösung des Vorschubs mittels eines bequem zu handhabenden Hebels der mehrfach beschleunigte Tischrücklauf eingerückt, wodurch die Tafel in ihre Anfangsstellung zurückgebracht wird. Hierbei wird das Schaltrad mit Sperrzähnen für 1 mm kleinsten Vorschub versehen (Fig. 27), während es beim Arbeiten nach beiden Richtungen meist mit gradflankigen Zähnen für $2\frac{1}{2}$ mm kleinsten Vorschub ausgeführt wird (Fig. 1). Die Klinken heben sich beim Rückgange selbsttätig von den Zähnen des Schaltrades ab, wodurch eine Schonung der Zähne und geräuschlose Bewegung erreicht wird. Beim Arbeiten nach beiden Richtungen sind die Klinken an zwei voneinander unabhängig drehbaren Schalthebeln befestigt, welche durch ein gemeinsames Bremsband gebremst werden. Die Zweiteilung der Schalthebel wird durch die verschiedene Lage der Zugstange, d. h. der dadurch bedingten verschiedenen Wege der Klinken bestimmt. Die Bremsung ist für das geräuschlose Arbeiten der

Fig. 1. Perforiermaschine mit selbsttätiger Materialzuführung. (L. Schuler.)

Klinken erforderlich. Event. Handeinstellung kann durch ein weiteres, auf der Antriebachse des Tisches sitzendes Zahnrad, das durch Ritzel und Handrad betätigt wird, gemacht werden. Dieses Zahnrad ist zugleich als Bremsscheibe ausgebildet, auf der ein Bremsband sitzt, und dient zur Dämpfung der beim Vorschub auftretenden Massenkräfte. Vom

Schaltrade wird die Bewegung durch die Antriebwelle auf den Tisch mittels Zahnrad und Zahnstange übertragen, jedoch findet auch hierzu Spindel und Mutter Verwendung, wodurch dann die Lage der Antriebwelle sich ändert.

Die eben beschriebene, durch die Fig. 1 veranschaulichte Materialzuführungsvorrichtung ist in der Hauptsache der später eingehend behandelte Walzenapparat, nur daß an die Stelle der Walzen der Tisch tritt. Es kann deshalb hinsichtlich der allgemeinen Gesichtspunkte der Beurteilung und der hierfür geltenden Berechnung auf den Abschnitt über den Walzenapparat verwiesen werden, die sinngemäß übertragen auch hier Geltung haben.

Im besonderen wäre hier noch zu erwähnen, daß durch die Anordnung des beweglichen Tisches erhebliche Massenanhäufungen auftreten, die im Verein mit der auf dem Tisch aufgespannten Blechtafel, deren Gewicht 700 kg und mehr betragen kann, große, vom Schaltmechanismus zu überwindende Trägheitskräfte einerseits und Massenbeschleunigungskräfte andererseits ergeben. Sowohl die Trägheits- als die Massenbeschleunigungskräfte bedingen verhältnismäßig niedrige Hubzahl; sie kann bei schweren Blechen, die ihrerseits auch wieder einen schweren Tisch erfordern, bis auf ca. 35 pro Minute sinken. Die niedrige Hubzahl ist jedoch auch durch die bei starken Blechen notwendig werdende niedrige Schnittgeschwindigkeit bestimmt.

Die Massenbeschleunigungskräfte erfordern, wie schon erwähnt, meist die Anordnung einer Bremsscheibe mit Bremsband, damit nicht ein Überschalten eintritt; diese Anordnung wirkt aber in der Schaltperiode insofern ungünstig, als dadurch außer den oben erwähnten Trägheits- und Widerstandskräften auch noch die Bremskraft zu überwinden ist, was einer zusätzlichen Beanspruchung des Schaltmechanismus gleichkommt.

Wie aus dem Abschnitt über den Walzenapparat, insbesondere der Geschwindigkeitskurve zu ersehen ist, steht der Kurbelzapfen der Schaltscheibe ungefähr bei ausgerücktem Stößel gerade in der Stellung, in der am Schaltrade die größte Geschwindigkeit auftritt. Würde nun der Stößel eingerückt, so würde nach dem oben Erwähnten die große Masse einer augenblicklichen starken Beschleunigung unterliegen, die einen kräftigen Stoß in der Schaltvorrichtung, insbesondere eine starke Beanspruchung der Zähne des Schaltrades und der Schaltklinke verursachen würde. Um solche Stöße zu umgehen, ist es notwendig, den Schaltmechanismus an der Stelle einrücken zu können, an der die Geschwindigkeit gleich Null ist, d. h. in der unteren Totlage. Dies wird meist durch willkürliche Beeinflussung der Schaltklinke erreicht. In der Abbildung ist dies z. B. dadurch erreicht, daß die Schaltscheibe mit dem lose auf der Exzenterwelle laufenden Schwungrade verbunden ist, so daß sie sich mit dem Schwungrade ständig dreht; die Klinke resp. beide Klinken sind hierbei außer Eingriff. Nun können durch Verstellen des an der Innenseite der Maschine befindlichen Hebels die eine oder andere Klinke, nie aber beide, an beliebiger Stelle, in dem erwähnten

Falle also in der unteren Totlage der Schaltscheibe, eingerückt werden. Diese Anordnung gewährt bei einiger Geschicklichkeit des Arbeiters das sichere Vermeiden von starken Schlägen im Schaltmechanismus, wenn die Presse in Tätigkeit tritt.

Was das Arbeiten nach beiden Richtungen betrifft, so ist ja wohl einerseits eine gewisse Zeitersparnis und event. auch eine kleine Erhöhung der Lebensdauer der Maschine nicht in Abrede zu stellen, andererseits ergibt sich aber auch eine Komplikation des Schaltmechanismus. Zudem muß gesagt werden, daß ein solches Arbeiten nach beiden Richtungen für saubere Lochungen, bei denen es auf Zusammenpassen der in den einzelnen Arbeitsgängen erhaltenen Lochungen ankommt, nicht ratsam ist, da meist wegen des in den meisten Triebwerken unvermeidlichen toten Ganges eine Verschiebung derselben eintritt. Der tote Gang vergrößert sich mit der Abnutzung des Triebwerks, insbesondere des Zahnrads und der Zahnstange, resp. Schraube und Schraubenmutter. Es empfiehlt sich also für saubere Muster das Arbeiten nach nur einer Richtung und Anwendung von beschleunigtem Tischrücklauf, und nur für gröbere Muster kann das Arbeiten nach beiden Richtungen mit Vorteil erfolgen. In Wirklichkeit wird meines Wissens auch das erstere meist vorgezogen, da hierbei außerdem von der Standseite des Arbeiters aus ein besserer Überblick über den bearbeiteten Teil der Blechtafel möglich ist.

Hinsichtlich des in seiner unteren Grenze beschränkten Vorschubs von 1 mm beim Arbeiten nach einer Richtung und $2\frac{1}{2}$ mm beim Arbeiten nach beiden Richtungen, der durch die konstruktive Ausführung des Schaltrades bestimmt ist, muß gesagt werden, daß dieser Minimalvorschub zwar weitaus in den meisten praktischen Fällen als ausreichend bezeichnet werden kann, immerhin aber als eine gewisse Unvollkommenheit anzusehen ist. Will man dieses Minimum noch herabsetzen, so ließe sich im ersten Fall durch Anwendung von 2 um eine halbe Zahnteilung versetzte Klinken abhelfen, wodurch eine Reduktion auf einen halben Millimeter eintritt; im anderen Falle wäre das Schaltrad mit geradflankigen Zähnen in 2 solche mit Sperrzähnen mit gegenläufigen Profilen zu teilen. Hierdurch könnte 1 mm Vorschub und bei Verwendung von je 2 versetzten Klinken $\frac{1}{2}$ mm Vorschub erreicht werden. Eine vollständig genaue Einstellung bis auf kleine Bruchteile eines Millimeters suchte man durch Anordnung eines Friktionsschaltrades, wie wir es beim Walzenapparat näher betrachten werden, zu erreichen Es hat sich aber diese Ausführung hier wegen der auftretenden großen Massenkräfte nicht bewährt, da auch bei Anwendung großer Schaltraddurchmesser ein Gleiten der Friktionsklinke auftrat. Zudem ist die Friktionsanordnung mit den in dem betreffenden Abschnitt über den Walzenapparat erwähnten Nachteilen behaftet (siehe Seite 56 ff.).

2. Zuführung bei Zickzackpressen. Während man in früheren Zeiten aus manchen Gründen weniger Wert auf größtmögliche Ausnutzung des Materials legte und die zum Ziehen notwendigen Blechformen meist aus Streifen oder Bändern ausschnitt, ist heutzutage und gerade in letzter Zeit dieser Gesichtspunkt stark in den Vordergrund getreten. Wohl geben die Pressen mit mehrteiligen, versetzten Werkzeugen eine höhere Materialausnutzung gegenüber Blechstreifen, doch wurde die günstigste Materialausnutzung erst durch das Ausstanzen nach dem Zickzackverfahren erreicht (Fig. 4), bei dem jegliches Zuschneiden von Blechtafeln und die damit verbundenen Unannehmlichkeiten wegfallen. Die Tafeln können, wie sie vom Walzwerk kommen, auf Größe bestellt und geliefert, Verwendung finden. Man darf wohl sagen, daß die Anwendung dieses Verfahrens einen bedeutenden Fortschritt im Blechbearbeitungsmaschinenbau darstellt; ergibt sich doch außer manchen anderen Vorteilen je nach Größe der Schnittdurchmesser eine Mehrausnutzung des Materials bis zu 30% gegenüber der Verwendung von Blechstreifen oder Bändern (siehe Fig. 2—4).

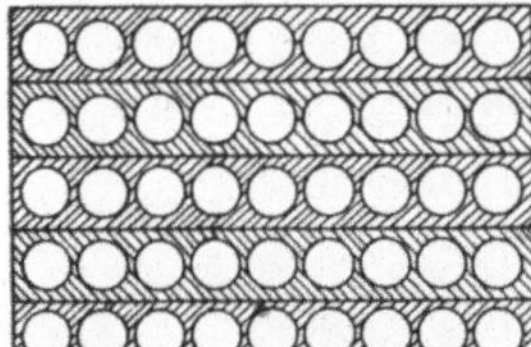

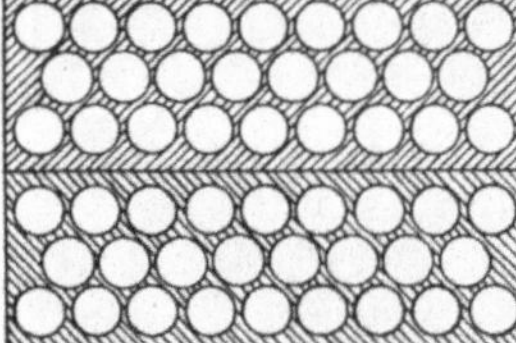

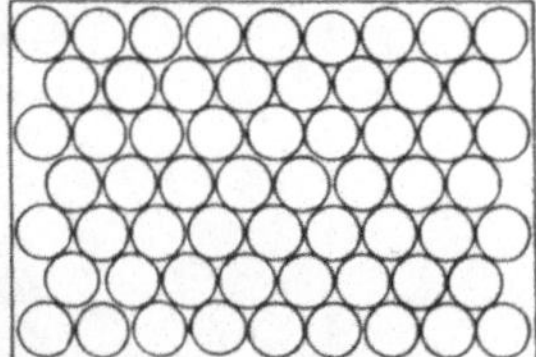

Fig. 2. Ausgestanzte Blechstreifen.   Fig. 3. Ausgestanzte Blechbänder.   Fig. 4. Ausgestanzte Blechtafel.

Bei Anwendung von Bändern und mehrfachen Schnittwerkzeugen (Fig. 3) wird sich der Prozentsatz der Mehrausnutzung des Materials allerdings nicht so hoch stellen, doch dürften die Zickzackpressen außer dem schon oben angeführten Vorteil der Verwendung ganzer Tafeln und dem Wegfalle des Zuschneidens auch noch insofern im Vorteil sein, als nur ein Werkzeug erforderlich ist, das in größeren Abmessungen hergestellt werden kann und sich einfach gestaltet. Dadurch vermindern sich die Kosten des Werkzeugs und seine event. Ausbesserungskosten wesentlich. Außerdem ist bei einfachem Werkzeuge der Preßdruck, der die Verwendung mehrfacher Werkzeuge beschränkt, geringer, wodurch eine Erhöhung der Lebensdauer der Maschine gegeben ist.

Die Zickzackpresse wird sowohl als Exzenterpresse mit Federdruckziehwerkzeug, wie auch als doppeltwirkende Ziehpresse mit Blechhalter und Ziehstößel ausgeführt, wobei das ausgestanzte Blechstück in demselben Arbeitsgange durch eine Matrize gezogen wird.

Das Zickzackverfahren hat in konstruktiver Hinsicht im wesentlichen zweierlei Durchbildungen erfahren, und zwar:

    a) Konstruktionen, bei denen die Zuführung halbautomatisch erfolgt,

    b) Konstruktionen, bei denen die Zuführung ganz automatisch erfolgt.

Außerdem gibt es noch Konstruktionen, welche die ursprüngliche Ausführung darstellen. Bei diesen wird die Blechtafel von Hand gehalten
und geführt und die Teilung durch Anschlagen gegen an der Matrize
befestigte Stifte oder Haken erzielt. Da aber diese Konstruktionen
eine Materialzuführungsvorrichtung im eigentlichen Sinne nicht darstellen, so sei hier von einer Behandlung abgesehen und nur auf eine
durch das D.R.P. 228 728 geschützte Anschlagvorrichtung für Stanz-

Fig. 5.   Halbautomatische Zickzackpresse (L. Schuler.)

maschinen zum Ausstanzen von Werkstückscheiben an Blechtafeln in
wechselseitig zueinander versetzten Reihen hingewiesen, die veranschau-
licht, in welcher Weise die Teilung und Versetzung der Lochreihen
durch mechanisch betätigte Anschläge erreicht wird.

a) Halbautomatische Zickzackpresse. Die Nachteile der
Konstruktionen mit Handzuführung und Anschlagvorrichtung, z. B.
Ungenauigkeit der Teilung, die bei bedruckten Blechen sehr störend ist,

Anstrengung des Arbeiters bei Verwendung großer Blechtafeln, geringe Leistungsfähigkeit, Gefahr für den Arbeiter, haben sehr bald zur Einführung der Zickzackpressen mit halbautomatischer Materialzuführung oder kurz der halbautomatischen Zickzackpressen geführt. Eine Ausführungsform ist in Fig. 5[1]) dargestellt.

Die Blechtafel wird durch Klemmen auf dem Schiebetisch d befestigt, der durch Drehung des Handrades e mittels Zahnrad und Zahnstange in seiner Längsrichtung, d. h., parallel zur Kurbelwellenachse verschoben wird. Die Vierkantstange c, die durch Kugelgelenke und Kegelräder mittels eines Teloskoprohres von der Kurbelwelle angetrieben wird, bewirkt den Eingriff und das Auslösen der Klinke, welche in einem fest mit der Tischplatte verbundenen Gehäuse gelagert ist,

Fig. 5a.

in die am Schiebetisch befestigte Teilschiene. Die Verschiebung in der Querrichtung, d. h. senkrecht zur Achse der Kurbelwelle, erfolgt durch das Handrad f mittels Kettentriebes, Zahnrades und runder Zahnstange, die in runden Führungen läuft; der Zahnstangentrieb ist, um ein Ecken des Schiebetisches zu vermeiden, symmetrisch angeordnet. Die Verschiebung um die entsprechende Teilung erfolgt jeweils nach der jedesmaligen Vollendung der Lochungen in der Längsrichtung und kann erst geschehen, wenn der Stift i, der in eine auf der Tischplatte befestigte, mit Löchern im Abstande der Teilung versehene Schiene eingreift, mittels des Handgriffs k gelöst wird. Um im Arbeiten nicht gehindert zu sein, muß der Gitterabfall beseitigt werden, was durch die Nebenstempel t (Fig. 5a) geschieht, die den Gitterabfall zu kleinen Stücken zerschneiden.

Die Ausführung einer halbautomatischen Zickzackpresse nach Fig. 6 zeigt einen einfacheren konstruktiven Aufbau der Zuführungs-

---

[1]) Siehe auch Z. Ver. deutsch. Jng. 1910, S. 1851.

vorrichtung.   Der Tisch läuft hier in U-förmigen, parallel zur Kurbel-
achse in die feste Tischplatte eingebauten Schienen, die mit Teilnuten
versehen sind.

Fig. 6.   Halbautomatische Zickzackpresse.   (E. W. Bliss Co.)

Die Längsverschiebung erfolgt jeweils in einer dieser Schienen so,
daß am Schlusse jeder Längsverschiebung der ganze Tisch mit der
Blechtafel in die um die betreffende Teilung versetzte nächste Schiene
gebracht werden muß.   Der am Schiebetisch angebrachte Teilstift, der
mit den Teilnuten der Schienen die Teilung bestimmt, ist durch einen
Metallschlauch derart mit der Presse verbunden, daß er jeweils nach
jeder Lochung angehoben wird, so daß der Schiebetisch verschoben
werden kann.   Die Regulierung der Teilung erfolgt demnach auch hier

gewissermaßen selbsttätig in bestimmter Abhängigkeit von der Presse; die Verschiebung des Tisches, sowohl in der Längs-, als auch in der Querrichtung, erfolgt durch den Arbeiter. Die Teilschienen werden gewöhnlich so ausgebildet, daß ein Satz Schienen für zwei verschiedene Teilungen gebraucht werden kann, während für weitere Teilungen und Blechformate weitere Teilschienensätze notwendig werden. Der Gitterabfall wird auch hier, um nicht hinderlich zu sein, von der Blechtafel losgetrennt. Nach der Fertigbearbeitung einer Blechtafel muß der Schiebetisch aus der letzten Teilschiene vom Arbeiter ausgehoben und in die Anfangslage der ersten Teilschiene gebracht werden.

Besieht man sich diese Materialzuführungsvorrichtung auf Grund der vorn angegebenen Gesichtspunkte, so muß zugegeben werden,. daß die vorliegende Aufgabe als gelöst angesehen werden kann, d. h. die Zuführung des Materials zum Werkzeuge zweckentsprechend erfolgt. Es muß jedoch vor allem darauf hingewiesen werden, daß die Erreichung des Zweckes nicht unabhängig von der Geschicklichkeit des Arbeiters insofern ist, als die Bewegung des Tisches vom Arbeiter selbst vollzogen werden muß, was bei einer minutlichen Umdrehungszahl der Presse von ca. 70 eine nicht unwesentliche Anstrengung des Arbeiters bedeutet. Ungeschicklichkeit oder Nachlässigkeit des Arbeiters können leicht Fehler in der Zuführung, fehlerhafte Arbeitsstücke und, bei der Ausführung nach Fig. 5 bei ungeschickter Stellung der Klinke auf dem Rücken der Teilschiene sogar Verbiegungen im Schaltmechanismus verursachen. Bei dieser Ausführung wäre also auch noch die Betriebssicherheit bis zu einem hohen Grad abhängig vom Arbeiter.

Ein Mangel, der sich besonderes da bemerkbar macht, wo häufig eine Änderung der Schnittdurchmesser und damit der Teilung notwendig wird, ist die Auswechslung der Teilschienen, die bei beiden Ausführungen vollzogen werden muß. Die Zahl der auszuwechselnden Schienen ist bei der Ausführung nach Fig. 5 geringer als bei der nach Fig. 6. Die Abnutzung der Schienen, Klinken und Stifte, die im Laufe der Zeit eintritt und dann Fehler in der Zuführung bedingen kann, ist wiederum bis zu einem hohen Grad abhängig vom Arbeiter. Die Anschlagkraft, mit der die Klinke bzw. der Stift des Schiebetisches gegen die Anschläge der Teilschienen trifft und die im Belieben des Arbeiters steht, ist nämlich von wesentlichem Einfluß.

Durch das Freiliegen der Teilschienen ist es auch leicht möglich, daß Fremdkörper in die Schienen fallen, was zu Abnutzung und anderen Unzuträglichkeiten führen kann.

Hinsichtlich Einfachheit des Schaltmechanismus steht die Konstruktion nach Fig. 5 der nach Fig. 6 nach. Hierbei ist aber zu beachten; daß sich durch den vielteiligeren Mechanismus in Fig. 5 einige Vorteile gegenüber der anderen Ausführung ergeben, wie Verringerung der Zahl der Teilschienen, kein Ausheben des Schiebetisches, sondern alleinige Handhabung des festen Handrades, besserer Schutz des Arbeiters gegen Verletzungen usw. Doch erscheint immerhin der hier gewählte, vielteilige Mechanismus, der zweifellos eine große Abnutzung, insbesondere der Kugelgelenke und des Teleskoprohres aufweisen wird, nicht geeignet, die hierdurch erreichten Vorteile aufzuwiegen, zumal die Leistungsfähigkeit nicht erhöht, der Kraftverbrauch aber gesteigert wird. In der ganz ausgezogenen Lage des Teleskoprohres und der Vierkantstange können vermöge der Kugelgelenke Federungen auftreten, die nachteilig wirken. Vom Standpunkte der Kinematik kann der Antriebsmechnanismus als gute Lösung angesehen werden, die konstruktive Durchbildung aber ist mit den erwähnten Nachteilen behaftet.

b) Automatische Zickzackpresse. Um einerseits die Materialzuführung von der Geschicklichkeit des Arbeiters unabhängig zu machen und andererseits die Leistungsfähigkeit der Presse zu erhöhen und die Möglichkeit zu schaffen, daß 2 oder mehrere Pressen durch eine Person bedient werden können, hat man die Zuführung der Zickzackpresse zu einer vollständig automatischen ausgebildet, bei der der Arbeiter nichts weiter zu tun hat, als das Blech am Schiebetisch festzuklemmen und die Presse einzurücken. Die so gesteigerte Leistungsfähigkeit ist eine bedeutende; nach Angaben einer Firma soll ein halbwegs flinkes Mädchen 3—4 Maschinen ohne Anstrengung bedienen können, wobei sich in einem Tage je nach Größe der Durchmesser ca. 60 000—150 000 Stück Scheiben, Deckel, Böden oder Näpfchen stanzen lassen sollen. Selbst wenn man diese Angaben als Maximalleistungen bezeichnet und die wirklichen Leistungen um einen gewissen Prozentsatz hinter denselben zurückbleiben, so muß doch ohne weiteres zugegeben werden, daß die Zickzackpresse, insbesondere ihre neueste Ausführung, hinsichtlich der Leistung für Massenherstellung große Vorteile gebracht hat.

Die Zuführung der automatischen Zickzackpressse hat bis jetzt im wesentlichen zweierlei konstruktive Durchbildungen erfahren, die im Prinzip durch die beiden D.R.P. Nr. 165687 und Nr. 189463[1]) dargestellt und geschützt sind. Bei der ersten Ausführung (Fig. 7), die bald durch die zweite verdrängt worden ist, wird die absatzweise in parallel zueinander liegenden, geradlinigen Reihen bewirkte Zufuhr dadurch erreicht, daß zwei zueinander senkrecht verschiebbare Schlitten in Unterbrechungen durch zwei stetig umlaufende, mit Rippen oder Nuten versehene Walzen oder Scheiben, deren Drehung durch Einschaltung eines Zwischengetriebes voneinander abhängig ist, bewegt werden. Der Antrieb der Walzen oder Scheiben erfolgt durch Winkel- oder Schraubenräder von der Exzenterwelle aus. Hinsichtlich des genaueren Aufbaues und der Wirkungsweise sei auf die erstere oben erwähnte Patentschrift verwiesen.

Diese und die nachher näher zu betrachtende Anordnung haben gegenüber anderen ohne Zweifel den Vorteil, daß die Schaltung der beiden Schlitten nicht durch hin- und hergehende, sich leicht abnutzende Organe wie Klinken usw. bewirkt wird, sondern daß stetig umlaufende Organe benutzt sind. Außerdem läßt sich mit den hierbei verwendeten Nutenwalzen oder Nutenscheiben, ähnlich wie bei Schubkurvengetrieben,

---

[1]) Siehe auch Z. Ver. deutsch. Ing 1910, S. 1852.

die maximale Ausnutzung des Drehwinkels der Kurbelwelle für die Vorschubperiode erreichen, sofern nicht andere Gesichtspunkte hierfür bestimmend sind. Hierbei ist aber bei den Zickzackpressen überhaupt zu berücksichtigen, daß am Ende jeder Lochreihe, wenn die maximale Ausnutzung des Drehwinkels und die bei einer bestimmten Umdrehungszahl geringste mögliche Vorschubgeschwindigkeit erreicht werden will, die Verschiebung in Längs- und Querrichtung gleichzeitig vor sich gehen muß, was zu erreichen auch keine Schwierigkeiten bietet.

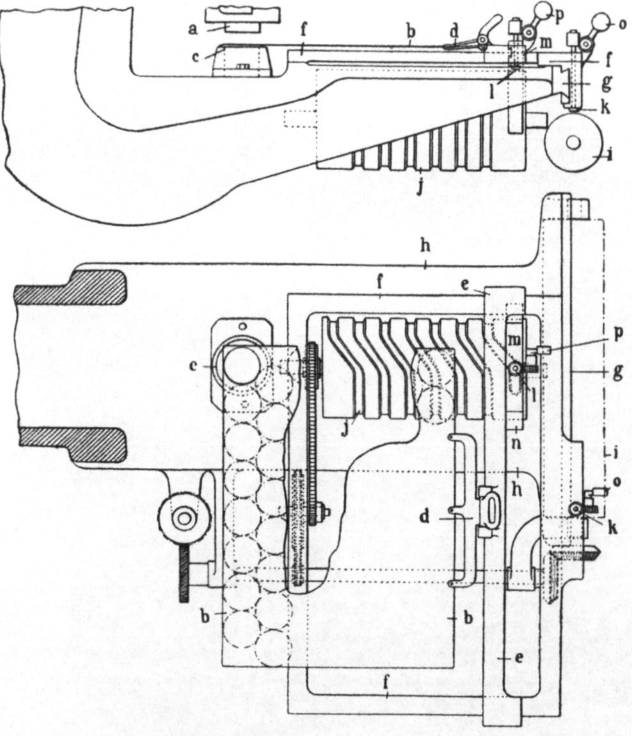

Fig. 7. Automatische Zickzackpresse mit Nutenwalzen. (E. W. Bliss Co.)

So vorteilhaft sich die Kurventriebe bei vielen Anordnungen erweisen, so zeigen sich doch bei dieser Art der Ausführung, die wegen der hin- und hergehenden Bewegung des Schiebetisches bei einer Walze mehrfach sich kreuzende Profile erfordert, ganz besondere Nachteile. Wegen der Kreuzungen ist es nötig, daß das in den gekreuzten Nuten laufende Schiffchen, das fest mit einem Schlitten verbunden ist, solang sein muß, daß es die Führung in den Kreuzungen nicht verliert; andererseits darf aber das Schiffchen nicht zu lang sein, da es sonst nicht mehr ohne zu klemmen den Windungen einer Nute folgen kann. Hierdurch kann es vorkommen, daß die Steigung der Nuten mit Rücksicht auf einwandfreien

Gang des Schiffchens gewählt werden muß, wodurch der erwähnte Vorteil der Erreichung der Mindestgeschwindigkeit geschmälert, wenn nicht sogar aufgehoben wird. Damit das Schiffchen sich einwandfrei in den Kreuzungen bewegen kann, ist es erforderlich, die Nuten in diesen Punkten zu erweitern, was leicht zu Unzuträglichkeiten und Ungenauig-

Fig. 8. Automatische Zickzackpresse mit Rädervorgelege. (E. W. Bliss Co.)

keiten, auch Stößen in der Zuführung Veranlassung geben kann. Daß sich die Nuten und das Schiffchen mit der Zeit abnutzen, auch bei nicht zu angestrengtem Betrieb, ist sehr klar; diese Abnutzung wird aber nicht gleichmäßig, sondern in den Kreuzungen stärker sein, da hier zweifellos die größten spezifischen Pressungen zwischen dem Schiffchen und der Nutwand auftreten. Da das Schiffchen immer im Eingriff ist, auch solange der Vorschub nicht betätigt wird, so ist, weil beim

Auftreten des Werkzeugs auf das Blech keine Vorschubbewegung eintreten darf, die Nute zu einem großen Teil kreisförmig auszuführen. Kleine Abweichungen von der Kreisform können hierbei unangenehme Störungen, insbesondere unbeabsichtigte Bewegungen der Blechtafel während des Arbeitsprozesses hervorrufen. Die Herstellung der Walzen oder Scheiben erfordert deshalb genaue Arbeit, und die Herstellungskosten werden ziemlich hoch.

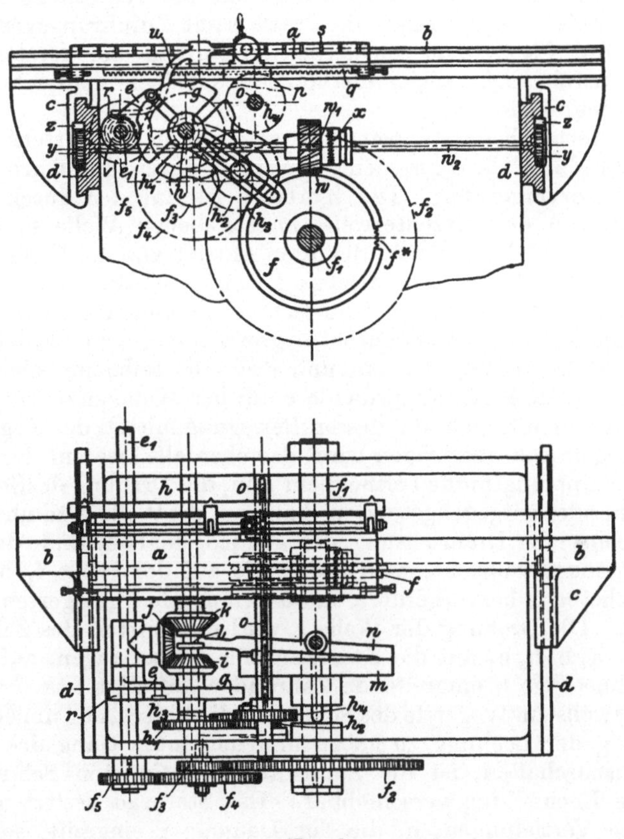

Fig. 9.

Hat man nun kleine Formstücke auszuschneiden, so kommen die Nuten zu eng zusammen zu liegen, so daß die Walzen praktisch nicht mehr ausführbar sind, denn es würde zwischen den Nuten nicht mehr genügend Material bleiben, um eine längere Haltbarkeit der Walzen zu sichern. Für diesen Fall muß ein besonderes Zahnrädervorgelege eingeschaltet werden, das die Verwendung einer Walze für verschiedene Teilungen gestattet und auch größere Walzen für kleine Teilungen verwendbar macht. Hierdurch wird wohl einerseits das Verwendungsgebiet vergrößert, andererseits aber bildet dieses weitere Vorgelege eine Komplikation des Mechanismus und gibt infolge des auf die Dauer unvermeidlichen toten Ganges der Räder, wie die Walzen selbst, Anlaß zu Ungenauigkeit.

Diese im vorstehenden erwähnten Übelstände werden es in der Hauptsache auch gewesen sein, die zu der zweiten erwähnten Zuführungsvorrichtung geführt haben, bei der der konstruktive Aufbau der ersten fast gänzlich verlassen wurde, und die wesentliche Verbesserungen aufweist. Fig. 8 zeigt die Presse samt Zuführungsvorrichtung im Bild, die Fig. 9 den schematischen Aufbau der letzteren; die neuesten Ausführungen zeigen hiervon einige, jedoch nicht sehr wesentliche Abweichungen.

Die unterbrochenen Vorschubbewegungen des Schlittens a (siehe Fig. 9) und der Führungsschiene b werden durch die Kurbel e und das Rad f hervorgerufen. Die Kurbel e ist auf der durch Winkelrädertriebe von der Exzenterwelle angetriebenen Welle e_1 befestigt und das Rad f auf der Welle f_1, die ihren Antrieb von der Welle e_1 durch Vermittlung des Zahnrädergetriebes $f_2 f_3 f_4 f_5$ erhält. Die Kurbel e und das Rad f laufen daher ununterbrochen und mit unveränderter Geschwindigkeit um. Die Kurbel e greift mit einem Zapfen in das Sternrad (Maltheserkreuz) g ein und dreht dasselbe um eine Viertel Umdrehung. Das Sternrad g, das lose auf der Welle sitzt, ist fest verbunden mit einem Kegelrad i, dessen Bewegung mittels des Kegelrades j auf das Kegelrad k übertragen wird, das ebenfalls lose auf der Welle h sitzt. Die Kupplungsmuffe l ermöglicht nun, die Drehung des Sternrades in gleichem oder entgegengesetztem Sinne auf die Welle h zu übertragen. Dieser Wechsel der Drehrichtung, der sich jedesmal am Ende des Weges des Schlittens a vollzieht, wird durch die auf der Welle f_1 befestigte Daumenscheibe m hervorgerufen und durch den fest gelagerten Hebel n vermittelt. Die Drehung der Welle h wird nun mittels des Zahnrädervorgeleges $h_1 h_2 h_3 h_4$ auf die Zwischenwelle o übertragen, auf der das in die Zahnstange q eingreifende Zahnrad p befestigt ist.

Um jeweils am Wegende des Schlittens die Versetzung um eine halbe Zahnteilung der Lochung zu geben und den toten Gang des Zahngetriebes auszuschalten, ist die Zahnstange relativ zum Schlitten um eine halbe Lochteilung verschiebbar. Das Sternrad besitzt an seiner Stirnfläche Vertiefungen, in die der Daumen r eingreift, sobald die Kurbel dasselbe verlassen hat. Der Schlitten a trägt eine mit Kerben versehene Einstellstange s, in welche nach jedem Vorschub ein Riegel t eingreift. Der Riegel wird durch einen Hebel u von einer auf der Welle e_1 sitzenden Kurvenscheibe v bewegt. Hierdurch soll der Schlitten gesichert und die Vorschubgröße genau begrenzt werden.

Die Querbewegung der Führungsschiene b samt Schlitten a, die je am Wegende des letzteren erfolgt, wird erteilt durch das Rad f, das auf seinem Umfange ein Schraubenzahnsegment f* trägt. Dieses kommt bei jeder vollen Umdrehung der Welle f_1 mit dem Schraubenrad w in Eingriff und dreht letzteres. Am Ende der Drehbewegung greift der Umfang des Rades f in einen Einschnitt w_1 des Rades w ein, um weitere Bewegung zu verhindern. Das Rad w überträgt seine Drehung vermittels der Kupplung x auf die Welle w_2 und die Zahnräder y; diese greifen in die Zahnstangen z ein, welche an dem die Führung b tragenden Schlitten c befestigt sind. Die Kupplung x hat den Zweck, die Welle w_2 von dem Schraubenrad w zu lösen, um bei Fertigbearbeitung der Blechtafel den Schlitten c und damit die Führung b in ihre Anfangslage zurückzuführen, was durch besonderen Antrieb erfolgt. Wie die Rückführung des Tisches in seine Anfangslage, so erfolgt auch die Ausschaltung der Zuführungsvorrichtung und der Presse nach Fertigbearbeitung selbsttätig.

Das Übersetzungsverhältnis der die Bewegung der Welle e_1 auf die Welle f_1 übertragenden Zahnräder ist derart zu wählen, daß das Zahnsegment f* in das Schraubenrad w eingreift, wenn der Schlitten a auf der Führung b am Ende seiner Bahn angelangt ist.

Die am Ende jeder Lochreihe notwendige Versetzung der Reihen um ½ Lochteilung kann auch auf die Weise erreicht werden, daß man nicht der Zahnstange, sondern dem in dieselbe eingreifenden Zahnrad den Leergang gibt, welcher der notwendigen Versetzung entspricht. Es hat jedoch diese Anordnung den Nachteil einer schwierigeren Regulierbarkeit dieses Leerganges, die bei der Zahnstange durch einfache Schrauben erfolgen kann.

Um diese Materialzuführungsvorrichtung richtig beurteilen zu können, insbesondere die Geschwindigkeitsverhältnisse bei der Schaltung zu überblicken, ist es notwendig, sich über den die beiden Wellen e_1 und h verbindenden Trieb von Sternrad (Maltheserkreuz) und Kurbel Klarheit zu verschaffen. Dieser Trieb ist es in der Hauptsache, der die Schaltkurve, d. h. die Zeit-Weg-Kurve, nach der die Schaltung vor sich geht, die Geschwindigkeits- und Beschleunigungsverhältnisse bei der Bewegung in der Haupt- (Längs-) Richtung bestimmt. Die Untersuchung des Sternradtriebes, wie er kurz genannt sei, soll eine allgemeine sein, aus welcher dann der hier spezielle Fall leicht abgeleitet werden kann.

In Fig. 10 bedeutet $M\,E\,M_1$ die Lage, bei der

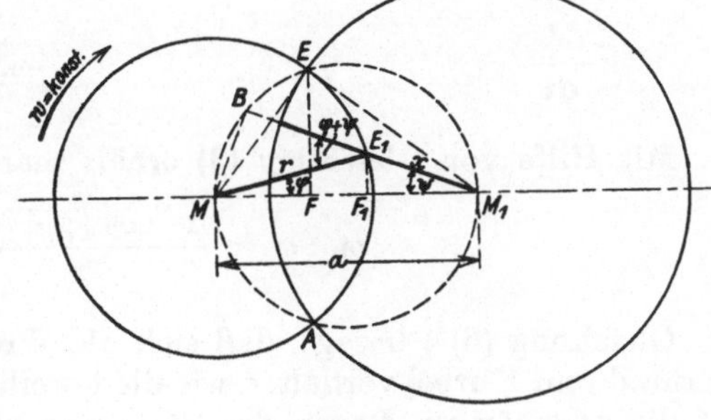

Fig. 10.

die Kurbel M E in das Sternrad eintritt, $M\,E_1\,M_1$ eine beliebige Lage während des Eingriffs. Mit den in der Figur angegebenen Bezeichnungen ist nun für jede beliebige Lage der Kurbel M E:

$$r \cdot \cos \varphi + x \cdot \cos \psi = a \quad \ldots \ldots \ldots (1)$$

Außerdem:

$$r \cdot \sin \varphi - x \cdot \sin \psi = 0 \quad \ldots \ldots \ldots (2)$$

Hierin sind r und a konstant, x, φ und ψ veränderlich.

Aus Gleichung (1) folgt:

$$x = \frac{a - r \cdot \cos \varphi}{\cos \psi} \quad \ldots \ldots \ldots (3)$$

und wenn man diesen Wert in Gleichung (2) einsetzt:

$$F(\varphi, \psi) = r \cdot \sin \varphi - (a - r \cdot \cos \varphi) \cdot \mathrm{tg}\, \psi = 0 \quad . \quad . (4)$$

Durch Differentiation der Gleichung (4) erhält man:

$$dF(\varphi, \psi) = \frac{\partial F}{\partial \varphi} \cdot d\varphi + \frac{\partial F}{\partial \psi} \cdot d\psi = 0$$

also:

$$dF(\varphi, \psi) = (r \cdot \cos \varphi - r \cdot \mathrm{tg}\, \psi \cdot \sin \varphi) \cdot d\varphi - \frac{a - r \cdot \cos \varphi}{\cos^2 \psi} \cdot d\psi = 0$$

oder:

$$\frac{r \cdot \cos \varphi \cdot \cos \psi - r \cdot \sin \varphi \cdot \sin \psi}{\cos \psi} \cdot \frac{d\varphi}{dt} = \frac{a - r \cdot \cos \varphi}{\cos^2 \psi} \cdot \frac{d\psi}{dt}$$

woraus:

$$\frac{d\psi}{dt} : \frac{d\varphi}{dt} = \frac{r \cdot \cos(\varphi + \psi) \cdot \cos \psi}{a - r \cdot \cos \varphi} \quad \ldots \ldots (5)$$

Hierin bedeutet

$$\frac{d\varphi}{dt}$$ die Winkelgeschwindigkeit ω der Kurbel

und

$$\frac{d\psi}{dt} \quad \text{,,} \quad\quad\quad \text{,,} \quad\quad \omega_1 \text{ des Sternrades.}$$

Mit Hilfe von Gleichung (3) erhält man endlich:

$$\omega_1 : \omega = \frac{r \cdot \cos(\varphi + \psi)}{x} \quad \ldots \ldots (6)$$

Gleichung (6)[1]) besagt, daß sich die Winkelgeschwindigkeiten von Sternrad und Kurbel verhalten wie die jeweilige Projektion des Radius r auf die zugehörigen Lagen des Sternradschlitzes zum Abstand x der Kurbelzapfenmitte vom Mittelpunkt M_1 des Sternrades selbst. Um beim Aufzeichnen das zeitraubende Lotfällen zu umgehen, wird einfach über $M\,M_1$ der Halbkreis beschrieben und $M_1\,E_1$ bis zum Schnitt mit diesem Kreis verlängert, wodurch sich die gesuchten Werte ohne weiteres

---

[1]) Andere Ableitung siehe Burmester, Kinematik.

ergeben. Mit Hilfe dieses Verfahrens kann die Winkelgeschwindigkeit des Sternrades bei gegebener Winkelgeschwindigkeit der Kurbel sehr leicht ermittelt und dargestellt werden. Für $\omega = 1$ stellt der Bruch unmittelbar die Winkelgeschwindigkeit ω_1 des Sternrades dar; für ein bestimmtes ω ergibt sich ω_1 durch Multiplikation des Bruches mit ω. In Fig. 11 ist die Geschwindigkeitskurve auf diese Weise erhalten worden.

Die aufgetragenen Abscissen sind gleiche Teile des Eingriffsbogens der Kurbel, welchen, da ω konstant, gleiche Zeiten entsprechen. Die gestrichelte Kurve stellt die Schaltkurve dar und hat die für die Schaltung vorteilhafte Form einer sinusähnlichen Linie, d. h. es ergibt sich sanfter Anfang und Schluß der Schaltperiode. Die Kurven sind konstruiert unter der für eine gute Wirkungsweise des Triebes gemachten Annahme, daß jeweils bei Eintritt der Kurbel in das Sternrad der Winkel zwischen den Verbindungslinien vom Kurbelzapfen mit den Drehpunkten M und M_1 gleich 90^0 ist. Macht man diesen Winkel größer als 90^0, so ergibt sich für den Eintritt der Kurbel aus Gleichung (6) die Anfangsgeschwindigkeit nicht gleich Null, sondern sie hat einen der Größe des Winkels entsprechenden, bestimmten Wert. Hierdurch sind aber dann am Anfang der Schaltperiode hohe Beschleunigungen und Beschleunigungskräfte bedingt,

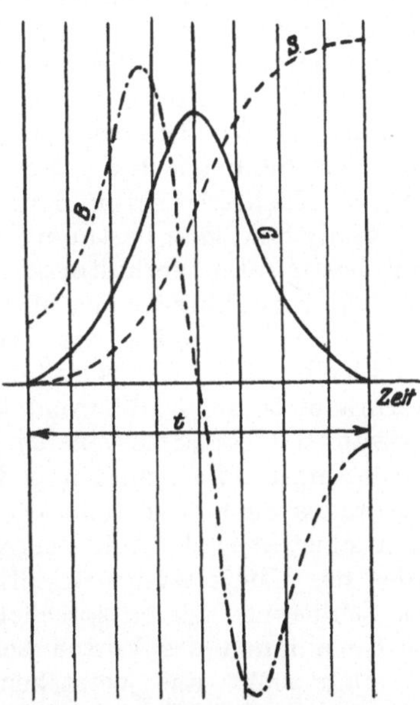

Fig. 11. Verlauf der Schaltung, Geschwindigkeit, Beschleunigung. t = Eingriffsdauer.

die Stöße verursachen; ähnlich ist es am Ende der Schaltperiode. Außerdem wird hierbei der für die Schaltperiode nutzbare Drehwinkel der Kurbel verkleinert, was eine Erhöhung der Schaltgeschwindigkeit bedingt. Wird der Winkel kleiner als 90^0 gemacht, so kann hierdurch eine Vergrößerung des nutzbaren Drehwinkels und damit eine Verminderung der Schaltgeschwindigkeit nicht erreicht werden, sondern es ergibt sich gerade das Gegenteil, wie man sich leicht überzeugen kann. Dazu kommt noch, daß bei dieser Anordnung die Gefahr des Rücktriebs des Sternrades am Anfang der Schaltperiode vorhanden ist. Um diesen zu vermeiden, würde dann eine Erweiterung des Schlitzes gegen den Umfang des Sternrades hin notwendig.

Diese Erwägungen bilden neben der geeigneten Wahl des Kurbelbzw. Sternradhalbmessers die einfachsten und für richtige Wirkungsweise notwendigsten Konstruktionsgrundlagen für einen Sternradtrieb, denen nicht selten die richtige Würdigung versagt wird.

Die Größe des nutzbaren Drehwinkels ist je nach der Zahl der Schlitze des Sternrades verschieden, und beträgt für einen von den Radien beim Einlauf eingeschlossenen Winkel von 90°:

$$\text{Für 4 teiliges Sternrad (4 Schlitze)} \ldots \ldots 90°$$
$$\text{,, 5 ,, ,, (5 ,,) } \ldots \ldots 108°$$
$$\text{,, 6 ,, ,, (6 ,,) } \ldots \ldots 120°$$

Diese Zahlen zeigen, in welch geringem Maße die Ausnutzung der Drehung der Kurbel für die Schaltperiode möglich ist, so daß hohe Geschwindigkeiten und Beschleunigungen bzw. verhältnismäßig niedere Umlaufzahl der Presse bei einwandfreiem Arbeiten sich ergeben. Die Ausnutzung des Drehwinkels wächst mit der Zahl der Schlitze und ließe sich demnach durch deren Erhöhung steigern; doch sind hiermit manche Nachteile verbunden, die meist zur Wahl eines Sternrades mit wenig Schlitzen bestimmen. Große Schlitzzahl erscheint nur unter ganz bestimmten Verhältnissen zweckmäßig. Vergrößert man nämlich die Zahl der Schlitze, so ist hierdurch bei gleich angenommenem Durchmesser des Sternrades eine Verkleinerung des Kurbelradius, bzw. bei gleichbleibendem Kurbelradius eine bedeutende Vergrößerung des Sternrades bedingt. Während das erstere trotz des auftretenden kleinen wirksamen Hebelarmes an der Kurbel weniger Bedenken verursachen würde, ergibt die ziemlich bedeutende notwendige Vergrößerung des Sternrades eine unvorteilhafte Anhäufung von Massen. Der Hauptnachteil ist aber, daß mit Vergrößerung der Zahl der Schlitze des Sternrades das Übersetzungsverhältnis zwischen Sternrad und Zahnstange des Schlittens sich entsprechend der Schlitzzahl vergrößert, was für die Genauigkeit des Vorschubes nachteilig werden kann.

Man sieht aus vorstehendem, daß die Bewegungsverhältnisse beim Sternradtrieb lange nicht so günstig sind, wie etwa beim Kurbeltrieb oder Schubkurventrieb, was natürlich nicht ohne Einfluß auf die Genauigkeit des Vorschubs und die Abnutzung der beweglichen Teile ist. Es hat sich auch gezeigt, daß nur die aus vorzüglichem, widerstandsfähigem Material gefertigten Teile des Bewegungsmechanismus jenen hohen Anforderungen einigermaßen genügen können.

Die Abnutzung der Schlitze des Sternrades ist keineswegs auf der ganzen, vom Kurbelzapfen bestrichenen Fläche eine konstante. Dies erhellt daraus, daß, je tiefer der Kurbelzapfen in den Schlitz eindringt, desto kleiner der wirksame Hebelarm wird, mit dem die zum Vorschub erforderliche Kraft am Sternrad angreift. Damit tritt eine Erhöhung der Kraft selbst ein. Hieraus ergibt sich, daß die Abnutzung der Sternradschlitze nach innen größer wird.

Besieht man sich die in Fig. 11 gezeichnete Geschwindigkeitskurve für ein vierteiliges Sternrad, wie es die Ausführung der Patentschrift aufweist, so zeigt sich ein sehr langsames, dann rasches Ansteigen der Geschwindigkeit, rascher Geschwindigkeitswechsel im Höchstpunkt und wieder rasche und dann langsame Abnahme der Geschwindigkeit. Zeichnet man hierzu noch die Beschleunigungskurve auf, (—·—·— Kurve in Fig. 11), so zeigt sich, daß hier Geschwindigkeits- und Beschleunigungskurve einen ungünstigeren Verlauf zeigen als beim Kurbeltrieb. Dies wird sich in unruhigem Gang bemerkbar machen. Daß unter den erwähnten Umständen auch bei Wahl guten Materials für die Elemente des vielteiligen Bewegungsmechanismus verhältnismäßig bald eine Abnutzung der Teile und damit Ungenauigkeiten eintreten, liegt auf der Hand. Dies muß als ein Hauptnachteil neben dem sehr unruhigen Gang während der Schaltperiode angesehen werden, der aber bei dieser Anordnung kaum zu umgehen ist.

Sehr empfindlich gegen Abnutzung ist auch die Zahnstange, bzw. die Einstellvorrichtung, welche zur Einstellung des am Ende der Lochung einer Reihe notwendigen Leerhubes angebracht ist. Bedenkt man nämlich, daß die Zahnstange mit ihrer Höchstgeschwindigkeit gegen den Schlitten stößt, so daß eine hohe, augenblickliche Beschleunigung des Schlittens und hohe Beschleunigungskräfte auftreten, so erkennt man sehr leicht in dieser sonst so einfachen und sinnreichen Anordnung einen wunden Punkt und eine weitere Ursache zu Stößen und Ungenauigkeiten im Vorschub.

Die hohe Vorschubgeschwindigkeit einerseits und Ungenauigkeiten des Vorschubs durch den Sternradtrieb andererseits bedingen die vorne erwähnte Sicherung des Schlittens durch einen Riegel t. Da Sternrad und Kurbel während des Eingriffs zwangläufig miteinander verbunden sind, so können die Massenkräfte einen großen Überschub nicht hervorrufen; sie können den Schaltmechanismus und Vorschub nur insofern beeinflussen, als Spielraum, d. h. toter Gang vorhanden ist. Nach Verlassen der Kurbel ist die Neigung zum Überschub nicht mehr groß. Hier liegen die Verhältnisse eben anders als z. B. beim Walzenapparat; die dort nötige Bremsung fällt deshalb auch weg. Die mittlere Vorschubgeschwindigkeit beträgt bei 60 Umdrehungen pro Minute, 40 bzw. 120 mm Vorschub und einem 4 teiligen Sternrad 160 bzw. 480 mm pro Sekunde. Daß bei dieser Geschwindigkeit Überschub eintreten könnte, zeigen die Versuche mit dem Walzenapparat. Wenn nun der Kurbelzapfen im Schlitz des Sternrades Spielraum hat, so kann sich vermöge des eben Gesagten stoßweiser, d. h. vibrierender Vorschub einstellen.

Was nun die Querverschiebung des Schlittens samt Führung anbelangt, die jeweils am Ende der Längsverschiebung notwendig und auf die vorne beschriebene Weise erreicht wird, so muß hier vor allem darauf hingewiesen werden, daß dieser eine sehr unvorteilhafte Schaltkurve zugrunde liegt. Die Sinuslinie geht hier in eine Gerade über, so daß Anfang und Ende der Schaltperiode nicht stoßfrei wie sonst erfolgen. Die Geschwindigkeitskurve wird eine Gerade, parallel zur Abscissen-Achse, die Beschleunigungskurve kommt in die Abscissenachse selbst zu liegen und zeigt am Anfang und Ende sehr hohe Werte, die wieder auf die erwähnten Stöße schließen lassen und unruhigen Gang, starke Abnutzung und selbst Brüche der Verzahnungen und Schraubenräder verursachen.

Da das Übersetzungsverhältnis zwischen den Wellen e_1 und f_1 lediglich mit Rücksicht auf rechtzeitigen Eingriff des Zahnsegments f* in das Schraubenrad w gewählt werden muß, so ist hierdurch und durch die für den Vorschub selbst verfügbare Zeit die Drehung des Rades f während der Vorschubbewegung festgelegt, d. h. der hierfür notwendige Drehwinkel bestimmt. Da sich nun dieser Drehwinkel und damit auch das Zahnsegment verhältnismäßig klein ergibt, so ist, um den notwendigen Vorschub zu erreichen, eine große Steigung der Zähne der Schraubenräder erforderlich. Ihre Abnutzung wird groß sein; auch ergibt sich hierdurch hohe Vorschubgeschwindigkeit. Die Arretierung des Schraubenrades w durch den Wulst des Rades f erfordert, daß das Rad f gut rund läuft, um nicht unwillkürliche Bewegungen und damit Fehler im Arbeiten hervorzurufen. Das ständige Schleifen des Wulstes in dem Ausschnitt des Rades w gibt mit der Zeit Abnutzung und damit ungenaues Arbeiten.

Aus alledem ist ersichtlich, daß die Anordnung des Schraubenrädertriebes zur Erzeugung der Querverschiebung Nachteile mit sich bringt, welche die Lebensdauer und die Arbeitsgenauigkeit der Vorrichtung sehr ungünstig beeinflussen.

Ein großer Mangel liegt auch in der sehr zeitraubenden und schwer auszuführenden Umstellung der Vorrichtung auf andere Teilung; die notwendige Auswechslung der Räder sowohl für die Längs-, als Querschaltung und die ganze Einstellung der Zahnstange gestaltet sich keineswegs einfach und erfordert geübte Arbeitskräfte. Für jede Teilung muß ein bestimmter Satz von Wechselrädern vorrätig gehalten werden, um die Umstellung überhaupt zu ermöglichen.

Diese ganze Anordnung des Vorschubs erfordert, damit sich die unruhigen Bewegungen des Ganges, Stöße usw. nicht weiter ausbilden können, ein kräftig durchkonstruiertes Gestell. Sofern dieses Gestell mit der Presse auf einer gemeinsamen Konsolplatte montiert ist, ist auch eine feste, massive Konsolplatte notwendig, damit nicht die von der Presse, speziell vom Schneiden und Ziehen herrührenden Stöße die Zuführungsvorrichtung unvorteilhaft beeinflussen können.

Um gute Gleichförmigkeit des Ganges zu erzielen, ist an der Presse ein verhältnismäßig schweres Schwungrad anzubringen.

II. Vorrichtungen zur Zuführung von Blechstreifen.

Zuerst wäre hier die Handzuführung zu nennen, bei welcher der Blechstreifen von Hand bewegt wird. Die richtige Teilung wird dadurch erreicht, daß ein fester Stift in die Ausschnitte des Blechstreifens eingreift. Mit einer eigentlichen Zuführungsvorrichtung haben wir es hier nicht zu tun.

1. Materialzuführung durch Walzenapparat. Die zur Zuführung von Blechstreifen am häufigsten angewandte Vorrichtung ist der Walzenapparat, der wegen seines einfachen Aufbaues die größte Verbreitung gefunden hat und wohl auch die älteste Art der selbsttätigen Materialzuführung darstellt. Die Anordnung der Vorrichtung ist meist derart, daß ein bzw. zwei Walzenpaare zu beiden Seiten des Werkzeugs derart angeordnet werden, daß das zu verarbeitende Material direkt unter das Werkzeug gebracht wird. Der Antrieb der Walzen erfolgt fast ausnahmslos durch Kurbeltrieb, d. h. eine auf der Hauptwelle der

<table>
<tr><td>Fig. 12.
Einarmige Exzenterpresse mit Walzen-
apparat. (L. Schuler.)</td><td>Fig. 13.
Zweiarmige Exzenterpresse mit
Walzenapparat. (L. Schuler.)</td></tr>
</table>

Presse angebrachte und um einen bestimmten Winkel gegen die Kurbel versetzte verstellbare Schaltscheibe treibt mittels Zugstange, schwingenden Schalthebels und Schaltklinke auf ein Schaltrad, von dem aus die Bewegung durch Zahnräder auf die Walzen übertragen wird. Die Walzen können zum Einführen des Blechstreifens oder sonstigen willkürlichen Bewegungen mittels eines an einer der Unterwalzen angebrachten Hebels oder Handrades betätigt werden. Außerdem ist der Apparat meist mit einer selbsttätigen Walzenabhebevorrichtung versehen. Mit dieser Vorrichtung werden gewisse Vorteile erreicht, besonders bei Schnitten mit mehreren Stempeln, mit denen gleichzeitig geschnitten und gelocht werden soll und die Lochung in bestimmter, genauer Lage zum äußeren Ausschnitt sein muß. Das Heben der Oberwalzen geschieht bei jedem Stösselniedergang, wobei der Blechstreifen so rechtzeitig freigegeben wird, daß er durch den Zentrierstift oder Sucher des Werkzeugs in seine richtige Lage gebracht werden kann.

Fig. 14. Liegende Ziehpressse mit Walzenapparat. (L. Schuler.)

Dadurch werden Ungenauigkeiten in der Streifenlage vermieden. Um den Blechstreifen genau unter das Werkzeug zu leiten, ist am Einlauf ein kleiner Auflagetisch mit verstellbaren Anschlägen (Fig. 12) angebracht; die weitere Führung übernehmen die Walzen und das Werkzeug. Die Schaltklinke hebt sich beim Rückgang von den Zähnen des Schaltrades ab, wodurch eine Erhöhung der Lebensdauer der Zähne und geräuschloser Gang erreicht wird. Die Belastung der Walzen zur Erzeugung entsprechender Reibungsdrücke zwischen Walzen und Blechstreifen erfolgt durch Federn oder Gewichte. Die Bremsung des Schaltwerkes geschieht, um Rücktrieb und Überschub zu vermeiden, durch ein oder mehrere am Schaltrad bzw. an Walzen oder Übersetzungsrädern angebrachte Bremsbänder. Zum Schutze des Arbeiters sind die Räder mit Schutzhauben versehen. Die Walzenpaare werden zum bequemen Einspannen der Werkzeuge häufig abklappbar angeordnet. Die ganze Vorrichtung ist auf eine Platte gebaut, so daß sie nach Lösen der Tischschrauben entfernt und die Presse auch ohne dieselbe benützt werden kann. Der Einbau des Walzenapparates kann für einarmige und für zweiarmige Exzenterpressen (Fig. 12 und 13) stehender und liegender Anordnung erfolgen; bei den letzteren erhalten die sonst wagrecht liegenden Achsen der Walzen senkrechte Lage (Fig. 14).

Untersuchung der Bewegungsverhältnisse des Kurbeltriebs. Da für die Beurteilung einer Materialzuführungsvorrichtung die Bewegungsverhältnisse von großer Bedeutung sind, soll hier eine

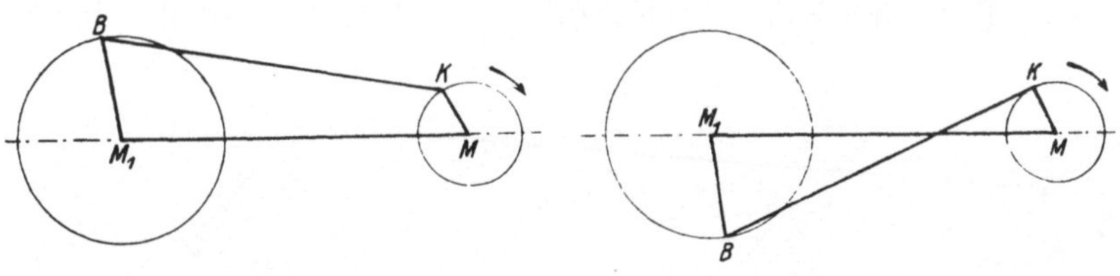

Fig. 15a.   Fig. 15b.

Untersuchung derselben an erster Stelle erfolgen. Der hier angewandte Kurbeltrieb, nach Reuleaux[1]) auch Bogenschubkurbel genannt, ist eine kinematische Kette von 4 Gliedern, wobei zu unterscheiden ist zwischen paralleler und gekreuzter Anordnung, wie sie in den Fig. 15a und 15b dargestellt sind. Beide finden als Antrieb für Walzenzuführungsvorrichtungen Verwendung. Reuleaux hat auf die vielseitige Verwendung dieser Triebe, aber auch auf die Schwierigkeit der Aufstellung allgemeiner, insbesondere für die Praxis brauchbarer Rechnungsgrundlagen hingewiesen; Zeuner[2]) hat für das einfache Kurbelgetriebe und die verschiedenen Steuerungen die Schubgesetze in für die Praxis brauchbare Formen gebracht. Es soll nun im nachfolgenden keine erschöpfende Behandlung dieses eigenartigen Kurbeltriebes erfolgen, sondern ich will mich, wie es der Rahmen dieser Arbeit erfordert, auf die wichtigsten Beziehungen der Verschiebungs-, Geschwindigkeits- und Beschleunigungsverhältnisse beschränken, soweit sie eben zu einer sachgemäßen Beurteilung und dem Aufbau für Materialzuführungsvorrichtungen notwendig sind. Das Hauptgewicht soll hierbei auf den Schaltvorgang selbst gelegt werden, während der Rücklauf des Schalthebels, weil weniger von Interesse, nur da besondere Erwähnung finden

---

[1]) Reuleaux, Kinematik, II. Band.
[2]) Zeuner, Schiebersteuerungen.

soll, wo sich hierfür von selbst Gesichtspunkte ergeben. Solche werden ohne weiteres aus der notwendigen Betrachtung der zweierlei in Fig. 15a und 15b dargestellten Ausführungsformen hervorgehen.

Hinsichtlich der mathematischen Formeln war ich bemüht, sie auf möglichst einfache Form zu bringen. Da sich die genauen Formeln jedoch hierbei als für die Praxis zu umständlich und verwickelt herausstellten, so war es mein Bestreben, für die Praxis brauchbare Näherungsformeln aufzustellen, wie sie die meisten Walzenapparate, insbesondere die mit verzahnten Schalträdern zulassen und rechtfertigen. Die genaue mathematische Entwicklung ist für solche Fälle gegeben, bei denen hohe Anforderungen der Genauigkeit in der Berechnung gestellt werden, und bei denen dieser Weg mit Nutzen verfolgt werden kann.

Ableitung der genauen Gleichung für den Schaltbogen und die Vorschubgröße; Vorschubcharakteristik, Schaltkurve.

In der in Fig. 16 gemachten schematischen Darstellung des Kurbeltriebs ist $B_0 K_0$ die linke, $B_0' K_0'$ die rechte Totlage. Mit den in der

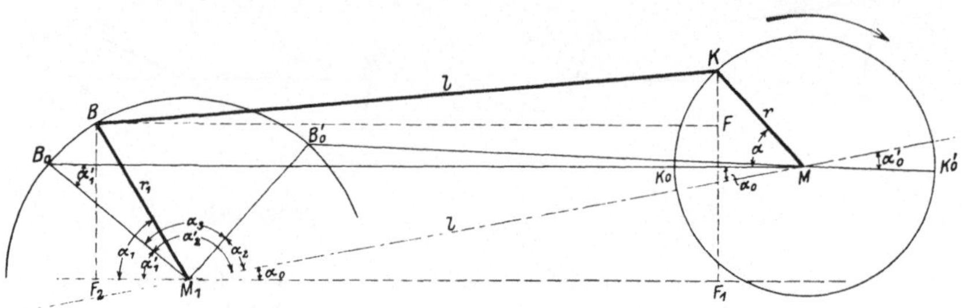

Fig. 16.

Figur eingetragenen Bezeichnungen erhält man, unter der in Praxis meist zutreffenden Voraussetzung, daß die Zugstangenlänge l gleich dem Mittelabstand $M M_1$ ist, für eine beliebige Lage $B K$ der Zugstange, bezogen auf die linke Totlage:

$$(M_1 F_1 + M_1 F_2)^2 + (K F_1 - B F_2)^2 = K B^2. \quad \ldots \ldots \quad (1)$$

Da nun:

$$\begin{aligned}
M_1 F_1 &= l \cdot \cos \alpha_0 - r \cdot \cos \alpha, \quad M_1 F_2 = r_1 \cdot \cos \alpha_1 \\
K F_1 &= l \cdot \sin \alpha_0 + r \cdot \sin \alpha, \quad B F_2 = r_1 \cdot \sin \alpha_1 \\
K B &= l = M M_1,
\end{aligned} \quad \right\} \quad \ldots \quad (2)$$

so erhält man hiermit aus Gleichung (1):

$$(l \cdot \cos \alpha_0 - r \cdot \cos \alpha + r_1 \cdot \cos \alpha_1)^2 + (l \cdot \sin \alpha_0 + r \cdot \sin \alpha - r_1 \cdot \sin \alpha_1)^2$$
$$= l^2 \quad \ldots \ldots \quad (3)$$

Nach Entwicklung der Quadrate und geeignetem Zusammenziehen gleichnamiger Summanden erhält man:

$$2\,r_1 \cdot \cos\alpha_1 \cdot (l \cdot \cos\alpha_0 - r \cdot \cos\alpha) - 2\,l\,r \cdot \cos(\alpha + \alpha_0) -$$
$$- 2\,r_1 \cdot \sin\alpha_1 \cdot (l \cdot \sin\alpha_0 + r \cdot \sin\alpha) + r^2 + r_1^2 = 0$$

woraus:

$$\cos\alpha_1 = \frac{2\,l\,r \cdot \cos(\alpha + \alpha_0) + 2\,r_1 \cdot \sin\alpha_1 \cdot (l \cdot \sin\alpha_0 + r \cdot \sin\alpha) - r^2 - r_1^2}{2\,r_1 \cdot (l \cdot \cos\alpha_0 - r \cdot \cos\alpha)} \quad (4)$$

In Gleichung (4) ist alles bekannt bis auf α_1; der Winkel α verändert sich für jede Lage der Zugstange bzw. für jede Stellung der Schaltscheibenkurbel und kann hierfür angenommen werden. Der Winkel α_0, der Neigungswinkel der linken Totlage gegen die Mittellinie $M\,M_1$, ergibt sich, wie später gezeigt werden soll. Nun sei zur Bestimmung von α_1, d. h. zur einfacheren Weiterrechnung:

$$\left.\begin{array}{l}2\,r_1 \cdot (l \cdot \sin\alpha_0 + r \cdot \sin\alpha) = m\,; \quad 2\,l\,r \cdot \cos(\alpha + \alpha_0) - r^2 - r_1^2 = n \\[4pt] 2\,r_1 \cdot (l \cdot \cos\alpha_0 - r \cdot \cos\alpha) = k\,;\end{array}\right\} \quad (5)$$

damit wird aus Gleichung (4):

$$\cos\alpha_1 = \frac{m}{k} \cdot \sin\alpha_1 + \frac{n}{k} \quad \ldots \ldots \ldots \quad (6)$$

Wenn man Gleichung (6) quadriert, so erhält man:

$$\cos^2\alpha_1 = \frac{m^2}{k^2} \cdot \sin^2\alpha_1 + \frac{2\,m\,n}{k^2} \cdot \sin\alpha_1 + \frac{n^2}{k^2}$$

oder, da:

$$\cos^2\alpha_1 = 1 - \sin^2\alpha_1$$

$$\sin^2\alpha_1 \cdot \left(\frac{m^2}{k^2} + 1\right) + \frac{2\,m\,n}{k^2} \cdot \sin\alpha_1 + \frac{n^2}{k^2} - 1 = 0 \,. \quad (7)$$

Gleichung (7) stellt die Normalform einer quadratischen Gleichung dar mit der Unbekannten $\sin\alpha_1$. Löst man die Gleichung nach $\sin\alpha_1$ auf, so erhält man:

$$\sin\alpha_1 = \frac{-\dfrac{2\,m\,n}{k^2} \pm \sqrt{\dfrac{4\,m^2\,n^2}{k^2} - 4 \cdot \left(\dfrac{m^2}{k^2} + 1\right) \cdot \left(\dfrac{n^2}{k^2} - 1\right)}}{2 \cdot \left(\dfrac{m^2}{k^2} + 1\right)}$$

oder:

$$\sin\alpha_1 = \frac{-\,m\,n \pm k \cdot \sqrt{m^2 - n^2 + k^2}}{m^2 + k^2} \quad \ldots \ldots \quad (8)$$

Setzt man nun aus den Gleichungen (5) die Werte wieder ein, so erhält man mit der Überlegung, daß hier nur das $+$ Zeichen des Wurzelsummanden brauchbar ist, da der Winkel α_1 nie größer werden kann als 180^0 und hierfür der $\sin$ stets positiv ist:

$$\sin\alpha_1 = \frac{\begin{array}{c}-2\,r_1\,(l\sin\alpha_0 + r\sin\alpha)\,[2\,l\,r\cos(\alpha+\alpha_0) - r^2 - r_1^2] + 2\,r_1\,(l\cos\alpha_0 - r\cos\alpha) \cdot \\ \cdot\sqrt{4\,r_1^2(l\sin\alpha_0 + r\sin\alpha)^2 - [2\,l\,r\cos(\alpha+\alpha_0) - r^2 - r_1^2]^2 + 4\,r_1^2(l\cos\alpha_0 - r\cos\alpha)^2}\end{array}}{4\,r_1^2\,(l\sin\alpha_0 + r\sin\alpha)^2 + 4\,r_1^2\,(l\cos\alpha_0 - r\cos\alpha)^2} \quad 9)$$

Entwickelt man den unter der Wurzel stehenden Wert und faßt die Summanden geeignet zusammen, so erhält man hierfür den einfacheren Ausdruck:

$$\text{Wurzelwert} = 4\,l^2\,r_1{}^2 - [2\,lr \cdot \cos(\alpha + \alpha_0) - (r^2 - r_1{}^2)]^2 \quad . \quad (10)$$

Hiermit geht Gleichung (9) über in die Form, wenn man den Nenner durch Entwicklung der Quadrate und geeignetes Zusammenfassen vereinfacht:

$$\sin\alpha_1 = \frac{\begin{aligned}&-(l\sin\alpha_0 + r\sin\alpha)[2\,lr\cos(\alpha+\alpha_0) - r^2 - r_1{}^2] +\\&+ (l\cos\alpha_0 - r\cos\alpha)\sqrt{4\,l^2 r_1{}^2 - [2\,lr\cos(\alpha+\alpha_0) - (r^2 - r_1{}^2)]^2}\end{aligned}}{2\,r_1[l^2 + r^2 - 2\,lr\cos(\alpha + \alpha_0)]} \quad (11)$$

Hieraus folgt aber, wenn man die rechte Seite der Gleichung mit B bezeichnet:

$$\alpha_1 = \text{arc sin } B \quad . \quad . \quad . \quad . \quad . \quad . \quad . \quad . \quad (12)$$

Der zum Winkel α_1 gehörige Bogen wird dann, wenn α_1 im Bogenmaß genommen wird:

$$s_1 = r_1 \cdot \text{arc sin } B \quad . \quad . \quad . \quad . \quad . \quad . \quad . \quad . \quad (13)$$

Ist nun der Winkel, den der Schalthebel in der linken Totlage mit $M_1 F_1$ einschließt $= \alpha_1'$ (siehe Fig. 16), so berechnet sich der, dem Drehwinkel α der Schaltscheibenkurbel r entsprechende, zurückgelegte Bogen $B_0 B$ des Angriffspunktes B des Schalthebels aus:

$$s = r_1 \cdot (\alpha_1 - \alpha_1') \quad . \quad . \quad . \quad . \quad . \quad . \quad . \quad . \quad (14)$$

Der Winkel α_1' läßt sich aus dem Dreieck $B_0 M_1 M$ berechnen; es ist nämlich der Winkel bei B_0 ebenfalls $= \alpha_1'$, da $M_1 F_2 \,/\!/\, B_0 M$. Nach dem allgemeinen pythagoreischen Lehrsatz erhält man:

$$\cos\alpha'_1 = \frac{r_1{}^2 + 2\,lr + r^2}{2\,r_1\,(l + r)},$$

woraus:

$$\alpha_1' = \text{arc cos } \frac{r_1{}^2 + 2\,lr + r^2}{2\,r_1\,(l + r)} \quad . \quad . \quad . \quad . \quad . \quad (15)$$

In gleicher Weise erhält man aus demselben Dreieck den Winkel α_0; dieser wird:

$$\alpha_0 = \text{arc cos } \frac{l^2 + (l + r)^2 - r_1{}^2}{2\,l\,(l + r)} \quad . \quad . \quad . \quad . \quad (16)$$

Nach den Gleichungen (11), (12) und (14) erhält man:

$$s = r_1 \cdot \left[\text{arc sin } \frac{\begin{aligned}&-(l\sin\alpha_0 + r\sin\alpha)[2\,lr\cos(\alpha+\alpha_0) - r^2 - r_1{}^2] +\\&+ (l\cos\alpha_0 - r\cos\alpha) \cdot\\&\sqrt{4\,l^2 r_1{}^2 - [2\,lr\cos(\alpha+\alpha_0) - (r^2 - r_1{}^2)]^2}\end{aligned}}{2\,r_1[l^2 + r^2 - 2\,lr\cos(\alpha + \alpha_0)]} - \alpha_1' \right] \quad (17)$$

Aus der Gleichung (17) läßt sich mit Hilfe der Gleichungen (15) und (16) für jeden beliebigen Winkel α der zugehörige Schaltbogen und bei gegebenem Übersetzungsverhältnis zwischen Schalthebel und Walzen die Vorschubgröße berechnen. Die Gleichung könnte noch dadurch vereinfacht werden, daß man nicht von der Totlage, sondern von der Mittellinie MM_1 ausgeht und diese als Achse des Koordinatensystems benutzt. In diesem Fall erhält man:

$$s = r_1 \cdot \left[\text{arc sin} \frac{- r \sin \alpha \, (2\,l\,r \cos \alpha - r^2 - r_1{}^2) + (l - r \cos \alpha)\sqrt{4\,l^2\,r_1{}^2 - [2\,l\,r \cos \alpha - (r^2 - r_1{}^2)]^2}}{2\,r_1\,(l^2 + r^2 - 2\,l\,r \cos \alpha)} - \alpha_1{}'' \right] \quad (17a)$$

wobei dann $\alpha_1{}''$ den Winkel bedeutet, den der Schalthebel in der linken Totlage mit der Mittellinie $M\,M_1$ einschließt. Dieser wird:

$$\alpha_1{}'' = \text{arc cos} \frac{r_1{}^2 - 2\,l\,r - r^2}{2\,l\,r_1}.$$

Die Berechnung vereinfacht sich hierdurch wesentlich; da es jedoch üblich ist, von der Totlage auszugehen, was auch für die Praxis zweckentsprechender ist, so soll auch die Gleichung (17) beibehalten werden.

Vor allem interessiert aber der ganze Schaltbogen bzw. die bei einer vollen Umdrehung der Schaltscheibenkurbel sich ergebende Vorschubgröße. Der Schaltbogen für 1 Umdrehung kann aus Gleichung (17) erhalten werden für $\alpha = 180^0 + (\alpha_0{}' - \alpha_0)$ wenn $\alpha_0{}'$ den Winkel bedeutet, den die Zugstange bzw. Schaltscheibenkurbel in der rechten Totlage mit der Mittellinie $M\,M_1$ einschließt. Der Bogen kann jedoch auch direkt aus Fig. berechnet werden. Ist der Winkel zwischen den Schalthebelradien $M_1\,B_0$ und $M_1\,B_0{}'$ in den Totlagen α_3, $\alpha_2{}'$ und α_2, die Neigungswinkel der Radien gegen die Mittellinie $M\,M_1$, so ist der ganze Schaltbogen (s. Fig. 16):

$$s = r_1 \cdot \alpha_3 = r_1 \cdot (\alpha_2{}' - \alpha_2) \quad \ldots \ldots \quad (18)$$

Aus Dreieck $M_1\,B_0\,M$ folgt nach dem allgemeinen pythagoreischen Lehrsatz:

$$\cos \alpha_2{}' = \frac{r_1{}^2 - 2\,l\,r - r^2}{2\,l\,r_1},$$

woraus:

$$\alpha_2{}' = \text{arc cos} \frac{r_1{}^2 - 2\,l\,r - r^2}{2\,l\,r_1} \quad \ldots \ldots \quad (19)$$

Ebenso folgt aus Dreieck $M_1\,B_0{}'\,M$:

$$\cos \alpha_2 = \frac{r_1{}^2 + 2\,l\,r - r^2}{2\,l\,r_1},$$

woraus:

$$\alpha_2 = \text{arc cos} \frac{r_1{}^2 + 2\,l\,r - r^2}{2\,l\,r_1} \quad \ldots \ldots \quad (20)$$

Setzt man die Werte von α_2' und α_2 der Gleichungen (19) und (20) in die Gleichung (18) ein, so ergibt sich:

$$s = r_1 \cdot \left(\text{arc cos} \, \frac{r_1{}^2 - 2\,l\,r - r^2}{2\,l\,r_1} - \text{arc cos} \, \frac{r_1{}^2 + 2\,l\,r - r^2}{2\,l\,r_1} \right) \quad (21)$$

Bei der Berechnung ist zu beachten, daß für den aus dem ersten Summanden sich ergebenden Winkel α_2' die Ergänzung zu 180° zu nehmen ist.

Bezeichnet man nun noch mit φ das Übersetzungsverhältnis zwischen Schalthebel und Walzen, so berechnet sich mit Hilfe der Gleichung (21) der Gesamtvorschub des Materials für 1 Schaltung, d. h. eine Umdrehung der Kurbelwelle der Presse aus:

$$V = \varphi \cdot s \quad \ldots \ldots \ldots \ldots \quad (22)$$

wobei φ durch die zwischen Schalthebel bzw. Schaltrad und Walzen eingefügten Übersetzungsräder und den Durchmesser der Walzen bestimmt ist.

Aus den Gleichungen (21) und (22) kann für jeden Wert von r für einen gegebenen Walzenapparat und auch andere durch Kurbeltrieb angetriebene Vorrichtungen der Vorschub berechnet werden. Trägt man die Schaltradien r als Abscissen und die hierzu gehörigen Schaltbögen des Schalthebels bzw. die Vorschubgrößen als Ordinaten auf, so erhält man die in Fig. 17 gezeichneten Kurven, von denen die eine die Kurve der Schaltbögen des Schalthebels, die andere die der Vorschubgrößen darstellt. Die letztere sei auch Vorschub-Charakteristik genannt, da sie die charakteristische Änderung des Vorschubs mit Änderung des Kurbelradius darstellt.

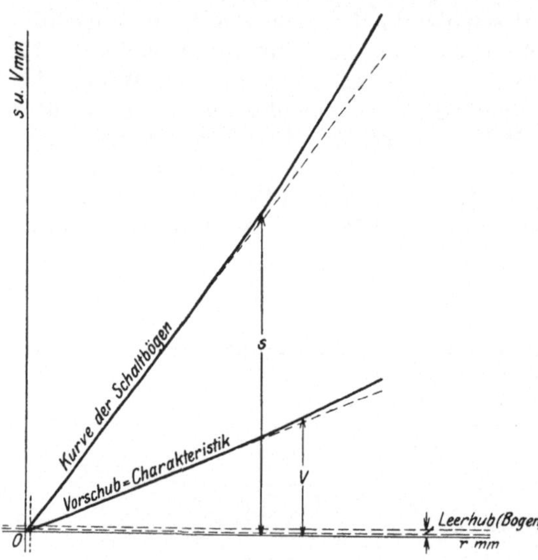

Fig. 17.

Aus der Kurve, die für jede Presse, d. h. für jeden Walzenapparat und ähnliche durch Kurbeltrieb betätigte Vorrichtungen aufgezeichnet werden kann, ergibt sich für jeden beliebigen Radius r der Schaltscheibe der hierzu gehörige Schaltbogen und Vorschub, und umgekehrt. Die

Kurve steigt in ihrem ersten Teil fast stetig an, d. h. es ändert sich der Vorschub des Materials annähernd proportional dem Radius der Schaltscheibe. Die Kurve ist unter der Annahme eines Verhältnisses von Schalthebellänge zur Zugstangenlänge wie 1 zu 5 aufgezeichnet, sie ändert sich aber nur sehr wenig für ein anderes Verhältnis und ändert sich nicht für gekreuzte Anordnung der Zugstange, da hierfür der Gesamtvorschub für gleichen Schaltscheibenradius derselbe bleibt. Die Kurve ermöglicht eine rasche Einteilung der an der Schaltscheibe anzubringenden Skala, indem einfach für je 10 mm Vorschub der zugehörige Radius aus der Kurve abgelesen und vom Nullpunkt der Skala abgetragen wird. Die dazwischen liegenden Vorschubgrößen von Millimeter zu Millimeter können auf dem Teil der Kurve, auf welchem annähernde Proportionalität vorhanden ist, ohne weiteres durch Interpolation bzw. Teilung der 10 mm Teilung erhalten werden. Auf dem oberen Ast der Kurve empfiehlt es sich aber, für je 1 mm weiteren Vorschub den zugehörigen Radius bzw. dessen Zunahme zu entnehmen. Das oft langwierige Ausprobieren der Zuführungsvorrichtung, das sonst zur Anbringung der Skala an der Schaltscheibe notwendig ist, kann hierdurch fortfallen oder wenigstens wesentlich verkürzt werden. Die Vorschubcharakteristik kann jeweils der Zusammenstellungszeichnung der Zuführungsvorrichtung beigezeichnet werden. Zu beachten ist, daß bei Schalträdern mit Sperrzähnen, die nur einen Millimeter kleinsten Vorschub bei der meist üblichen Anordnung von 1 Klinke geben, der Vorschub auf ganze Millimeter zu nehmen ist. Bei Vorrichtungen, bei denen toter Gang durch Ausheben der Schaltklinke auftritt, muß jeweils der zum Ausheben der Schaltklinke notwendige Leerhub, der für alle Vorschubgrößen derselbe ist, in der Weise berücksichtigt werden, daß er zu dem jeweils notwendigen, als Funktion der Zähnezahl bzw. Teilung des Schaltrades

auftretenden Schaltbogen addiert wird.

Da die Winkelgeschwindigkeit der Schaltscheibe konstant ist, so entsprechen gleichen Drehwinkeln gleiche Zeiten. Zeichnet man nun für bestimmte Drehwinkel der Schaltscheibe, d. h. bestimmte Zeiten, die zugehörigen Schaltbögen nach Gleichung (17) auf, so erhält man die in Fig. 18 verzeichnete Kurve, welche

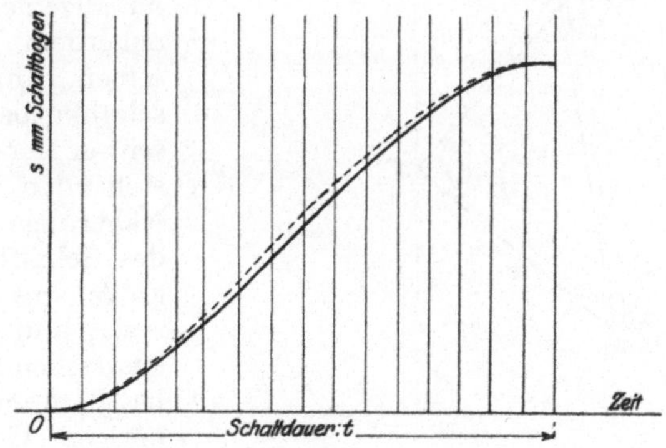

Fig. 18.

Schaltkurve benannt sei, da sie die Kurve darstellt, nach der die Schaltung, d. h. der Vorschub vor sich geht.

Die Kurve, die eine sinusähnliche Kurve[1]) darstellt, zeigt, daß Anfang und Ende der Schaltperiode nach Parabeln erfolgt, wodurch sanfter Anfang und Schluß derselben gewährleistet ist, und daß der Übergang der Beschleunigungen stetig und sanft vor sich geht. Die Schaltkurven für offene und gekreuzte Anordnung der Zugstange sind verschieden, d. h. es ergeben sich für gleiche Drehwinkel bzw. für gleiche Zeiten bei der gekreuzten Anordnung größere Schaltbögen als bei der offenen, woraus geschlossen werden kann, daß im ersten Fall höhere Geschwindigkeiten auftreten als im letzten. Dies ist aber nicht erwünscht, da über eine bestimmte maximale Vorschubgeschwindigkeit nicht hinausgegangen werden darf, ohne daß sich nachteilige Erscheinungen einstellen, wie wir übrigens noch deutlicher sehen werden.

Näherungsverfahren zur Ermittlung des Schaltbogens und der Vorschubgröße. Bizentrisches polares Exzentervorschub-Diagramm. Da die genaue Formel zur Berechnung des Schaltbogens ziemlich verwickelten Aufbau zeigt und daher für die praktische Benutzung im allgemeinen sehr umständlich und außerdem eine Vereinfachung derselben, ähnlich wie bei der Geradschubkurbel, kaum oder nur sehr schwer möglich ist, so sei im nachstehenden auf anderer Grundlage ein Näherungsverfahren zur Ermittlung des Schaltbogens und der Vorschubgröße entwickelt. Dieses gestattet rasch und für die meisten Fälle mit ausreichender Genauigkeit für einen bestimmten Winkel α den hierzu gehörigen Winkel α_1 und damit die Größe des Schaltbogens und Vorschubs zu bestimmen.

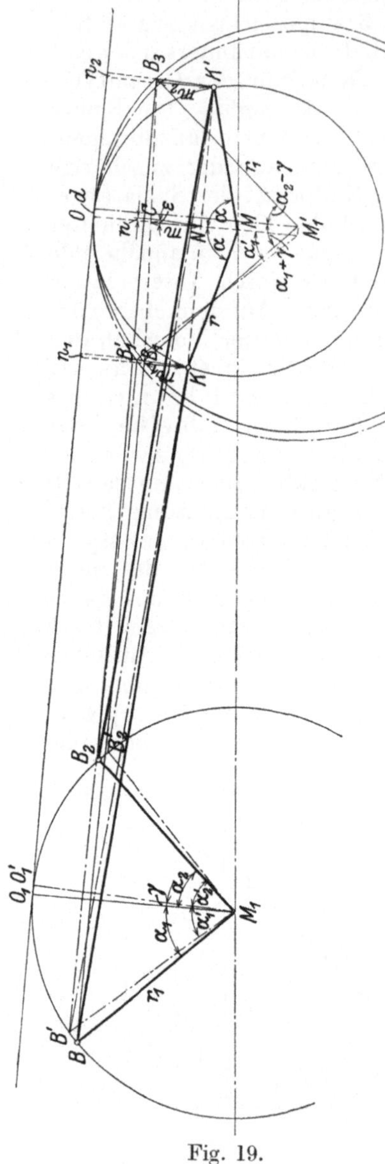

Fig. 19.

Es sei in Fig. 19 zuerst angenommen, daß die Länge der Zugstange

---

[1]) Im folgenden ist statt „sinusähnliche Kurve" nur „Sinuslinie" gebraucht.

gleich der gemeinschaftlichen Tangente O O_1' an die beiden Kreise ist, den Schaltscheibenkurbelkreis um M und den Schalthebelkreis um M_1; M O und $M_1 O_1'$ sind die Berührungsradien. Außerdem drehe sich die Schaltscheibenkurbel um den Winkel α aus der ursprünglichen Lage MO. so daß O nach K wandert. Dementsprechend wird der Punkt O_1' auf dem Kreis um M_1 nach B' wandern; die neue Lage der Zugstange ist K B'. Die Bewegung des Punktes K läßt sich nun in zwei Relativbewegungen zerlegen, und zwar so, daß Punkt K zuerst auf dem um M_1' mit r_1 im Punkte O beschriebenen Berührungskreis wandert bis B_1' und dann von B_1' auf einem um B' mit der Zugstangenlänge 1 beschriebenen Kreis bis K. Die Zugstange mach$^+$ hierbei zuerst eine Schiebung parallel zur gemeinschaftlichen Tangente und dann eine Drehung um Punkt B'.

Mit den in Fig. 19 eingetragenen Bezeichnungen erhält man alsdann:

für eine Drehung nach links von O bzw. O_1':

$$r_1 \cdot \sin \alpha_1' = r \cdot \sin \alpha - n_1 \quad \ldots \ldots \ldots \quad (23)$$

für eine Drehung nach rechts um denselben Winkel α:

$$r_1 \cdot \sin \alpha_2' = r \cdot \sin \alpha + n_2 \quad \ldots \ldots \ldots \quad (23a)$$

Hierin bedeuten n_1 und n_2 die Fehlerglieder ähnlich wie bei der Geradschubkurbel, wo aber nur eines auftritt. Da es sich immer um verhältnismäßig kleine Drehwinkel der Zugstange um die jeweiligen Punkte B handelt, so ist mit großer Annäherung:

$$n_1 = \frac{m_1^2}{2\,1}, \quad n_2 = \frac{m_2^2}{2\,1}$$

Das Maximum von n_1 und n_2 ergibt sich jeweils in den Totlagen, für welche dieselbe Gleichung gültig ist, da $K_0 K_0'$, wie Fig. 20 zeigt, als Durchmesser aufgefaßt werden kann, wodurch sich die Projektionen auf die gemeinschaftliche Tangente gleich groß ergeben müssen. Ein Bild über die Änderungen von n_1 und n_2 bzw. m_1 und m_2 in den Totlagen mit Änderung des Schaltscheibenradius geben die in Fig. 20 für einen ausgeführten Kurbeltrieb gezeichneten Kurven der Wendepunkte des Schalthebels und der Totpunkte der Schaltscheibenkurbel; die letztere zeigt einen sehr flachen Verlauf, so daß der Winkel in der Totlage für verschiedene Schaltradien sich nur wenig ändert. Die Kurven sind aufgezeichnet unter der Voraussetzung veränderlicher Zugstangenlänge, d. h. die Länge der Zugstange ist jeweils gleich der Länge der gemeinschaftlichen Tangente an die beiden Kreise um M und M_1, die sich mit größer werdendem r vergrößert. Für diese Annahme gelten auch die Gleichungen (23).

In Praxis ist nun aber meist die Zugstangenlänge 1 nicht veränderlich, dementsprechend wird sich bei der Annahme, daß 1 größer als die gemeinschaftliche Tangente ist, der Radius $M_1 O_1'$ um einen Winkel γ verdrehen, so daß O_1' nach O_1 wandert, wenn M O seine Lage beibehält. Auch bei dieser Annahme läßt sich die Bewegung des Punktes K ähnlich

3*

wie vorher in die zwei Relativbewegungen zerlegen, nur mit dem Unterschied, daß $M_1{}'$ nicht mehr auf die Verlängerung von M O fällt, sondern auf eine Parallele zu dieser im Abstand $O_1{}' O_1$. Dieser Abstand ergibt sich nach der obigen Definition als die Differenz der wirklichen Zugstangenlänge l und der Länge der gemeinschaftlichen Tangente l_1 zu:

$$d = l - l_1, \quad \text{wobei } l_1 = \sqrt{a^2 - (r_1 - r)^2} = a \cdot \cos\beta \quad . \quad . \ (24)$$

wenn β der Neigungswinkel gegen MM_1 = a ist.

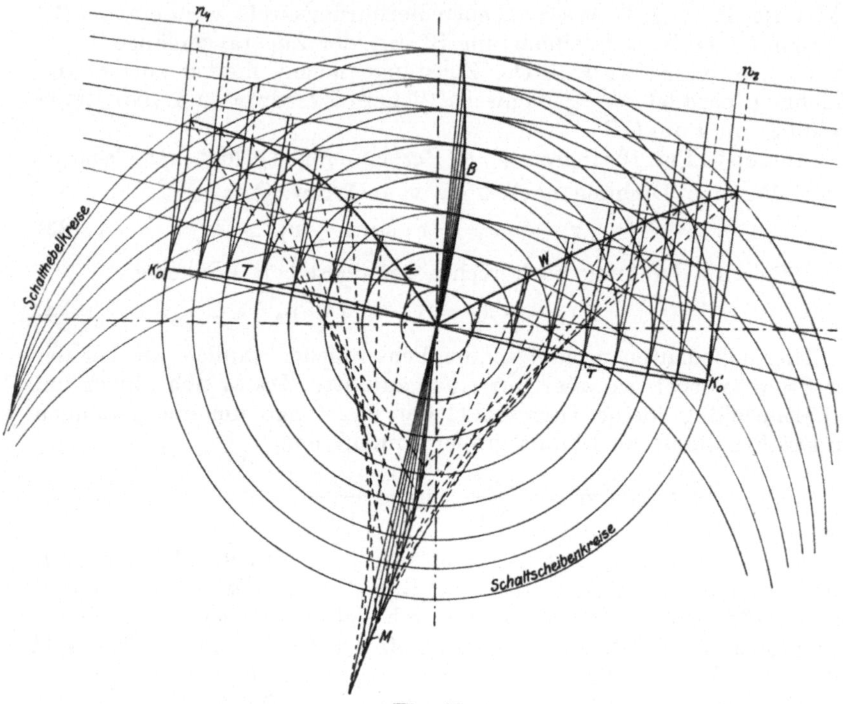

Fig. 20.

B = Kurve der Berührungspunkte. M = Kurve der Mittelpunkte. T = Kurve der Totpunkte der Schaltscheibenkurbel. W = Kurve der Wendepunkte des Schalthebels.

Ist nun der einem bestimmten Drehwinkel α entsprechende Drehwinkel des Schalthebels = α_1 bew. α_2, so ist der Winkel zwischen der augenblicklichen Lage des Schalthebels M_1 B bzw. M_1 B_2 und dem Berührungsradius $M_1 O_1{}'$ gleich $\alpha_1 + \gamma$ bzw. $\alpha_2 - \gamma$, je nach der Drehung. Man erhält nun dementsprechend aus der Figur
für Linksdrehung:

$$\sin(\alpha_1 + \gamma) = r \cdot \sin\alpha + d - n_1 \text{ oder } \alpha_1 + \gamma = \arcsin\frac{r\sin\alpha + (d - n_1)}{r_1}$$

für Rechtsdrehung:

$$\sin(\alpha_2 - \gamma) = r \cdot \sin\alpha - d + n_2 \text{ oder } \alpha_2 - \gamma = \arcsin\frac{r\sin\alpha - (d - n_2)}{r_1}$$

$$(25)$$

Der Winkel γ läßt sich aus der Gleichung:

$$\operatorname{tg} \gamma = \frac{d}{r_1} \qquad \ldots \ldots \ldots \quad 26)$$

ermitteln.

Nun handelt es sich nur noch darum, die Werte n_1 und n_2 bzw. m_1 und m_2 zu bestimmen. n_1 und n_2 bedeuten, wie erwähnt, die Fehlerglieder; diese ändern sich mit m_1 und m_2 bzw. dem Winkel α oder α_1. m_1 und m_2 geben die Größe der Ausschläge der Zugstange an bei gleichem Drehwinkel nach rechts und links der Mittellage um die zugehörigen Punkte B auf dem Schalthebelkreis. Die Ermittlung von m_1 und m_2 geschieht nun folgendermaßen: man zieht durch N (die Mitte von K K') zu m_1 bezw. m_2 die Parallele, dann wird:

$$m = \frac{m_1 + m_2}{2} \qquad \ldots \ldots \ldots \quad (27)$$

Dem mittleren Ausschlag m entspricht ein mittleres Fehlerglied n. Nimmt man nun an daß:

$$\frac{n}{m} = \frac{n_1}{m_1} = \frac{n_2}{m_2} = \operatorname{tg} \varepsilon \qquad \ldots \ldots \quad (27\,\text{a})$$

was mit großer Annäherung der Fall ist, d. h. daß die Sehnen K B_1 und K' B_3 parallel zu N C sind, so lassen sich m_1 und m_2 graphisch ermitteln, da m und damit auch n näherungsweise berechnet werden kann. Die graphische Ermittlung hat hierbei nur für die Totlagen zu erfolgen, da sich dann, wie im weiteren ersichtlich, für jeden Winkel α der hierzu gehörende Winkel α_1, der Schaltbogen und auch die Vorschubgröße ermitteln läßt und jede Berechnung hierfür überflüssig macht.

Der Wert m wird nach Figur erhalten aus der Gleichung:

$$m \sim r \cdot (1 - \cos \alpha) - r_1 + \sqrt{r_1{}^2 - r^2 \cdot \sin^2 \alpha} \quad \ldots \ldots \quad (28)$$

Für kleine Winkel α könnte auch gesetzt werden, wenn man die Wurzel in eine unendliche Reihe entwickelt:

$$m \sim r \cdot (1 - \cos \alpha) - \frac{r^2 \cdot \sin^2 \alpha}{2\,r_1} \quad \ldots \ldots \quad (28\,\text{a})$$

Hiermit würde dann der Wert n berechnet werden können aus:

$$n = \frac{m^2}{2 \cdot l}$$

Zur graphischen Ermittlung von m_1 und m_2 wird nun nach der früheren Gleichung (16) der Winkel α_0 berechnet, ebenso der Neigungswinkel β der gemeinschaftlichen Tangente aus:

$$\sin \beta = \frac{r_1 - r}{a} \qquad \ldots \ldots \ldots \quad (29)$$

Die Konstruktion, die in der Fig. 21, bei der man sich vorerst nur
den äußeren Kreis wegzudenken braucht, ausgeführt ist, ist folgende:
man zeichnet zwei auf einander senkrechte Achsen (——·—— Linien) mit
Ursprung M und beschreibt um M mit dem Schaltscheibenradius, für den
der Schaltbogen bzw. die Vorschubgröße zu bestimmen ist, einen Kreis.

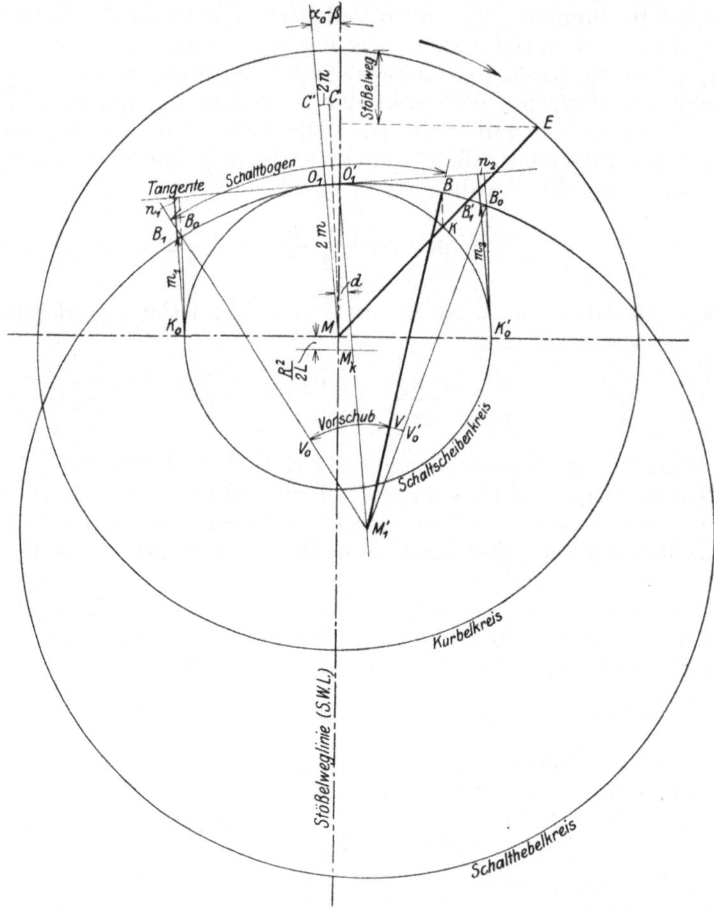

Fig. 21.   Bizentrisches polares Exzentervorschubdiagramm.

Nun trägt man an die senkrechte Achse den Winkel $\alpha_0 - \beta$ an; der freie
Schenkel dieses Winkels und die wagrechte Achse schneiden den Kreis
in O_1 bzw. K_0 und K_0'. Lege in O_1 die Tangente an den Kreis und ziehe
zu $M\,O_1$ im Abstand d, der in Richtung der Vorschubbewegung aufgetragen wird, die Parallele, welche die Tangente in O_1' schneidet. Schlage
in diesem Punkt um M_1' mit dem Schalthebelradius r_1 den Berührungskreis.   Nun trägt man auf $M\,O_1$ den für $\alpha = 90^0$ berechneten Wert von

m gleich M C′ und senkrecht in C′ den hierzu gehörigen Wert von n
ab (in Fig. 21 2 m und 2 n zur Erhöhung der Zeichengenauigkeit) und
erhält Punkt C und Radius M C. Zieht man nun durch K_0 und K_0' zu
M C die Parallelen, so schneiden diese den Kreis um M_1' mit r_1 in B_0
und B_0', dann sind $K_0 B_1$ und $K_0' B_1'$ die gesuchten Werte von m_1 und m_2.
Die Werte n_1 und n_2 können nun direkt aus dem Diagramm entnommen
werden; will man aber größere Genauigkeit erhalten, so werden sie
besser gerechnet nach den Gleichungen:

$$n_1 = \frac{m_1{}^2}{2\,l}, \quad n_2 = \frac{m_2{}^2}{2\,l} \text{ oder } n_1 = m_1 \cdot \text{tg } \varepsilon, \ n_2 = m_2 \cdot \text{tg } \varepsilon \ . \quad (30)$$

Hiermit können die Winkel α_1 und α_2 berechnet werden, nach den
Gleichungen (25) wobei, anders als bei der Berechnung von m, $\alpha =$
$90_0 \mp (\alpha_0 - \beta)$ zu setzen ist. Die Gleichungen gehen damit über in:

$$\left.\begin{array}{l} \alpha_1 + \gamma = \text{arc sin } \dfrac{r \cdot \cos(\alpha_0 - \beta) + (d - n_1)}{r_1} \\[2em] a_2 - \gamma = \text{arc sin } \dfrac{r \cdot \cos(\alpha_0 - \beta) - (d - n_2)}{r_1}, \\[2em] \alpha_1 + \alpha_2 = \text{arc sin } \dfrac{r \cdot \cos(\alpha_0 - \beta) + (d - n_1)}{r_1} \\[2em] \qquad + \text{arc sin } \dfrac{r \cdot \cos(\alpha_0 - \beta) - (d - n_2)}{r_1} \end{array}\right\} \quad (31)$$

woraus:

Der Schaltbogen selbst ergibt sich dann aus der Gleichung (18),
wobei wieder α_1 und α_2 im Bogenmaß zu nehmen sind. Die Berechnung
der Werte n_1 und n_2 ist in Wirklichkeit eigentlich nicht erforderlich, da
im Diagramm der Bogen $B_0 B_0'$ den Schaltbogen darstellt und dieser
nur abgemessen, resp. der Winkel α_1 entnommen und hieraus der Bogen
berechnet zu werden braucht. Um für irgend einen Winkel α den Schaltbogen zu bestimmen, braucht nur der zugehörige Radius M K gezogen
zu werden; zieht man dann durch K die Parallele zu MC, die den Kreis
um M_1' in B schneidet, so kann der Schaltbogen ohne weiteres entnommen werden. Durch Teilung des Radius $M_1' B_0$ resp $M_1' B_0'$ im
Verhältnis des Übersetzungsverhältnisses zwischen Schalthebel und
Walzen ergibt sich in dem durch den Teilpunkt um M_1' geschlagenen
Kreisbogen $V_0 V_0'$ der ganze Vorschub des Materials. Entsprechend erhält
man den Vorschub für jede beliebige Stellung der Schaltscheibenkurbel.
Das so erhaltene Diagramm heiße das „Bizentrische Polardiagramm für die Bogenschubkurbel". Aus dem Diagramm
können die Gleichungen (25) ohne weiteres abgelesen werden, woraus
die Übereinstimmung mit diesen hervorgeht. Verbindet man das Diagramm mit dem bekannten von Brix [1] herrührenden Polardiagramm
für die Geradschubkurbel, das die jeweiligen Wege des Stößels zur Dar-

---

[1] Z. Ver. deutsch. Ing. 1897, S. 431.

stellung bringen soll, derart, daß im Diagramm die Schaltscheibenkurbel und die Exzenterkurbel des Stössels zusammenfallen, so erhält man das „Bizentrische polare Exzentervorschubdiagramm" für eine Exzenterpresse mit selbsttätiger, durch Kurbeltrieb angetriebener Materialzuführungsvorrichtung, aus dem jeweils Stößel- und Vorschubwege für jede Kurbelstellung der Exzenterwelle entnommen werden können.

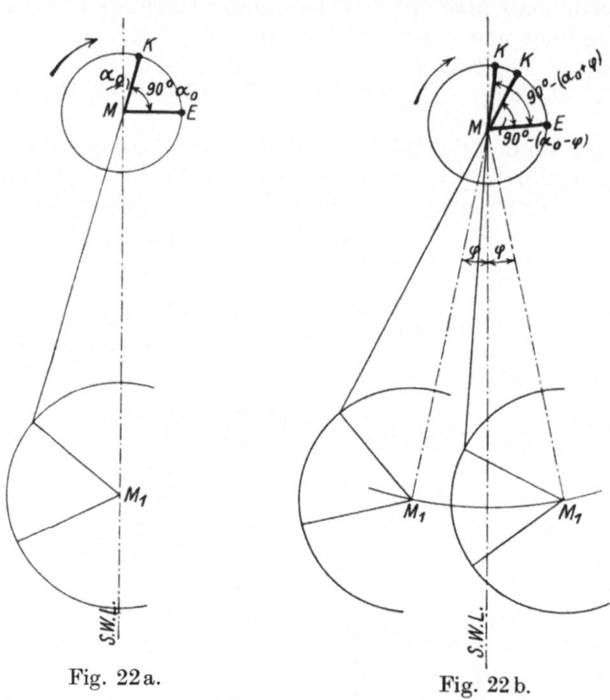

<table>
<tr><td>Fig. 22a.</td><td>Fig. 22b.</td></tr>
</table>

Beim Zusammenzeichnen der Diagramme ist es jedoch notwendig, den Winkel zu kennen, um den die Schaltscheibenkurbel der Exzenterkurbel nacheilt. Dieser Nacheilwinkel wird hauptsächlich unter dem Gesichtspunkt bestimmt werden müssen, daß Arbeits- und Vorschubperiode gegeneinander scharf abgegrenzt sind, insbesondere wenn die erstere groß wird. Da nun beim Kurbeltrieb ca. 180° Kurbeldrehwinkel für den Vorschub notwendig sind, so ergibt sich hieraus ein für die Arbeitsperiode verfügbarer Drehwinkel von ca. 180°, d. h. es können ca. 50% des Stößelhubes hierfür ausgenutzt werden. Die Anordnung der Schaltscheibenkurbel würde deshalb so zu wählen sein, daß die Exzenterwelle gerade anfängt den unteren Halbkreis des Kurbelkreises zu durchlaufen, wenn die Schaltscheibenkurbel in der Totlage angelangt ist, in welcher die Vorschubperiode endigt, d. h. die Kurbeln sind um den Winkel $\delta = 90° - \alpha_0$ zu versetzen.

Dies gilt für die in Fig. 22a gezeichnete Anordnung, bei der die Mittellinie MM_1 des Kurbeltriebs in die Stößelweglinie fällt. Bei der in Fig. 22 b gezeichneten Anordnung, die in Praxis häufig vorkommt, und bei der die Mittellinie seitlich der Stößelweglinie liegt, erfolgt die Versetzung unter denselben Gesichtspunkten wie oben, so daß sich hierbei eine Kurbelversetzung von $\delta = 90^0 - (\alpha_0 \pm \varphi)$ ergibt. Das $+$ Zeichen ist bei Linkslage der Mittellinie $M\,M_1$ von der Stößelweglinie, das — Zeichen bei Rechtslage gültig. Für die Kurbelversetzung muß der Winkel α_0 berechnet werden, der sich mit der Größe des Schaltradius ändert. Da jedoch die Änderung, wie Fig. 20 zeigt, gering ist, so genügt die Berechnung eines Mittelwertes, umsomehr, als die Arbeitsperiode in fast allen Fällen dies zuläßt. Der Winkel φ ergibt sich jeweils aus der konstruktiven Anordnung. Ordnet man die Zugstange gekreuzt an nach Fig. 15 b, so wird die Kurbelversetzung $\delta = 90^0 + (\alpha_0 \mp \varphi)$, je nach Links- oder Rechtslage der Mittellinie $M\,M_1$ von der Stößelweglinie. Bei anderem δ als in den Fig. 22 angenommen ist, wird sich die Stösselweglinie entsprechend aus der senkrechten Achse herausdrehen **Das so erhaltene Diagramm eignet sich infolge seiner Einfachheit, Übersichtlichkeit und der durch günstigen Schnitt erhaltenen Diagrammpunkte, vorzüglich zum Entwurf und zur Untersuchung von Materialzuführungsvorrichtungen mit Kurbeltrieb, insbesondere des Walzenapparates, zur Konstruktion von Werkzeugen usw. und dürfte einem Bedürfnis des Konstrukteurs in weitgehendem Maße Rechnung tragen.** Die Verwendung des Diagramms kann natürlich auch bei jedem durch Kurbeltrieb betätigten Bewegungsmechanismus sinngemäß erfolgen.

Die im vorstehenden für offene Anordnung der Zugstange durchgeführte Untersuchung kann in derselben Weise für die weniger vorteilhafte, gekreuzte Anordnung durchgefürt werden.

Zum Vergleich der nach der mathematisch genauen Gleichung und der nach dem Näherungsverfahren sich ergebenden Rechnungswerte wurde ein der Praxis entnommenes Beispiel durchgerechnet. Die in Betracht kommenden Abmessungen der Zuführungsvorrichtung waren folgende:

Länge des Schalthebels . . . . $r_1 = 185$ mm.
Länge der Zugstange . . . . $1 = 720$ mm.

Nutzbarer Radius der Schaltscheibe verstellbar von 0—122,4 mm für Vorschubgrößen von 0—80 mm. Berechnet wurden die ganzen Schaltbogen, da sich hierbei der Fehler am größten ergeben wird. Es wurde erhalten für fünfstellige logarithmische Rechnung die Größe des Schaltbogens für an der Schaltscheibe angeschriebene Vorschübe von 10, 50 und 80 mm, entsprechend einem

Schaltscheibenradius von:	$r =$ 16,2	81,0	122,4	mm
nach der genauen Gleichung:	$s =$ 32,72	168,87	269,044	,,
nach dem Näherungsverfahren:	$s =$ 32,70	168,89	269,031	,,
Die Differenzen betragen:		—0,02	+0,02	—0,013	,,

Ist das Übersetzungsverhältnis zwischen Schalthebel und Walzen ungefähr 1 zu 3,3, so erhält man für die Vorschubgrößen selbst Fehler von: — 0,0067, + 0,0067, — 0,0043. Die Verschiedenheit der Vorzeichen der Fehler lassen darauf schließen, daß es sich um kleine Meßfehler bei der Entnahme von m_1 und m_2 aus dem Diagramm handelt, so daß auch gesagt werden kann, daß sich das Näherungsverfahren in den Grenzen bewegt, die der Rechnung und jeder graphischen Bestimmung gesetzt sind. Für die Praxis selbst werden sich also nach dem Näherungsverfahren genügend genaue Werte ergeben. Dies ist ganz besonders der Fall beim Walzenapparat mit Zahnrad und Sperrklinke, wo es immer notwendig ist, die Schaltbögen der Teilung des Schaltrades anzupassen. Da man hierbei meist unter Zahnteilungen von 2 mm aus konstruktivenRücksichten nicht gehen kann, so würde eine Ungenauigkeit bis nahe an 2 mm, resp. bei zwei versetzten Klinken oder zwei versetzten Zahnsegmenten eine solche bis nahe an 1 mm, von keinem Einfluß sein. Außerdem wäre noch der angewandte Leerhub zum Ausheben bezw. Eingreifen der Klinke ins Zahnrad zu beachten, wodurch sich bei einem gegebenen Schaltradius r der Schaltbogen kleiner ergibt. Die Abweichungen der Vorschubgrößen selbst sind nach dem eben Erörterten bei Materialzuführungsvorrichtungen mit Schaltrad und Schaltklinke in Wirklichkeit also nicht vorhanden. Es ergibt sich eben stets nur der Vorschub, der einem Vielfachen der Zahnteilung entspricht. Ist statt des verzahnten Schaltrades ein Friktionsschaltrad angebracht, so muß die Genauigkeitsgrenze natürlich eine ganz andere sein als vorher; doch wird das Näherungsverfahren auch hierfür ausreichend genaue Werte liefern.

Handelt es sich um eine ganz überschlägige Berechnung des Schaltbogens, so kann diese nach der nachstehenden Gleichung (32) in einfachster Weise vollzogen werden. Die Gleichung gilt unter der Annahme, daß die Sehne $B_0 B_0'$ mit dem zugehörigen Zentriwinkel α_3 (Fig. 16) ungefähr gleich dem Hub der Schaltscheibe ist:

$$2\,r = 2\,r_1 \cdot \sin \frac{\alpha_3}{2}$$

oder:

$$\alpha_3 = 2 \cdot \arcsin \frac{r}{r_1},$$

womit:

$$s = 2\,r_1 \cdot \arcsin \frac{r}{r_1} \quad \ldots \ldots \ldots \quad (32)$$

Die Vorschubgröße kann dann wieder aus Gleichung (22) berechnet werden. Dieser Annahme entsprechend könnte natürlich auch das Diagramm vereinfacht werden, aber auf Kosten der Genauigkeit. Wie ersichtlich, ist hier der Einfluß der Länge der Zugstange ganz vernachläßigt, in Wirklichkeit ist er aber vorhanden. Es empfiehlt sich übrigens, um diesen Einfluß möglichst klein zu machen, nicht wie üblich die Länge l gleich dem Mittelabstand $M M_1$ zu nehmen, sondern die Größe der gemeinschaftlichen Tangente bei einem mittleren Radius zugrunde zu legen, da sich außerdem hierfür die günstigsten Bewegungsverhältnisse, z. B. gleichmäßiges Schwingen des Schalthebels um die Mittellage bei den verschiedenen Schaltradien, ergeben. Die Genauigkeit der Gleichung (32) ist übrigens immerhin noch so groß, daß sie sich in den für einen Walzenapparat mit Zahnrad und Schaltklinke gesteckten Grenzen bewegt. Man erhält für das vorn berechnete Beispiel Werte von:

Schaltbogen . . . . s = 32,442   167,685   267,506 mm
die Differenzen betragen . .   — 0,278   — 1,160   — 1,354   ,, .

Fehler im Vorschub selbst würden sich nach dem früher Gesagten in Wirklichkeit nicht ergeben.

Geschwindigkeits- und Beschleunigungsverhältnisse[1]). Da die Differentiation der genauen Gleichung für den Schaltbogen (Gleichung 17) zur Ermittlung der Geschwindigkeit und Beschleunigung sich nicht einfach und übersichtlich gestaltet, so soll die Untersuchung der Geschwindigkeits- und Beschleunigungsverhältnisse auf graphische Weise erfolgen.

Ähnlich wie bei der Geradschubkurbel lassen sich auch bei der Bogenschubkurbel die Geschwindigkeit und die Beschleunigung auf graphische Weise ermitteln. In Fig. 23 bewege sich der Schaltscheibenkurbelzapfen K mit der konstanten Geschwindigkeit v und der Punkt B des Schalthebels mit der Geschwindigkeit u. Nimmt man eine beliebige Stellung des Kurbeltriebs an, so bewegen sich die Punkte K und B um ein zu dieser Stellung gehöriges Momentanzentrum O, welches jeweils in den Schnittpunkt der beiden Radien M K und M_1 B zu liegen kommt Die Verbindungslinie der Momentanzentren gibt eine für jeden Kurbeltrieb bestimmt ausgeprägte Kurve, die durch M geht. Zieht man noch durch M mit M_1 B die Parallele, die die Verlängerung der Zugstange in S schneidet, so ist in dem Trapez K, M S B O:

$$\frac{u}{v} = \frac{O\,B}{O\,K} = \frac{M\,S}{M\,K} = \frac{y}{r}; \quad \text{d. h. } u = \frac{v}{r} \cdot y.$$

Da aber $\dfrac{v}{r}$ = der Winkelgeschwindigkeit ω des Schaltscheibenkurbelzapfens K ist, so erhält man:

$$u = \omega \cdot y \quad \dots \dots \dots \dots \dots \quad (33)$$

Da y für jede Lage der Zugstange ermittelt werden kann, indem die durch M zur betreffenden Lage M_1 B gezogene Parallele zum Schnitt gebracht wird, mit der zugehörigen Lage der Zugstange, so kann u durch Multiplikation mit dem konstanten Wert ω erhalten und sowohl die polare als lineare Geschwindigkeitskurve aufgezeichnet werden. Dies ist in Fig. 24 geschehen. Hierbei ist die lineare Geschwindigkeitskurve für offene Anordnung der Zugstange gezeichnet und die Werte der —·—

---

[1]) Siehe Reuleaux, Kinematik, II. Bd., und Burmester, Kinematik.

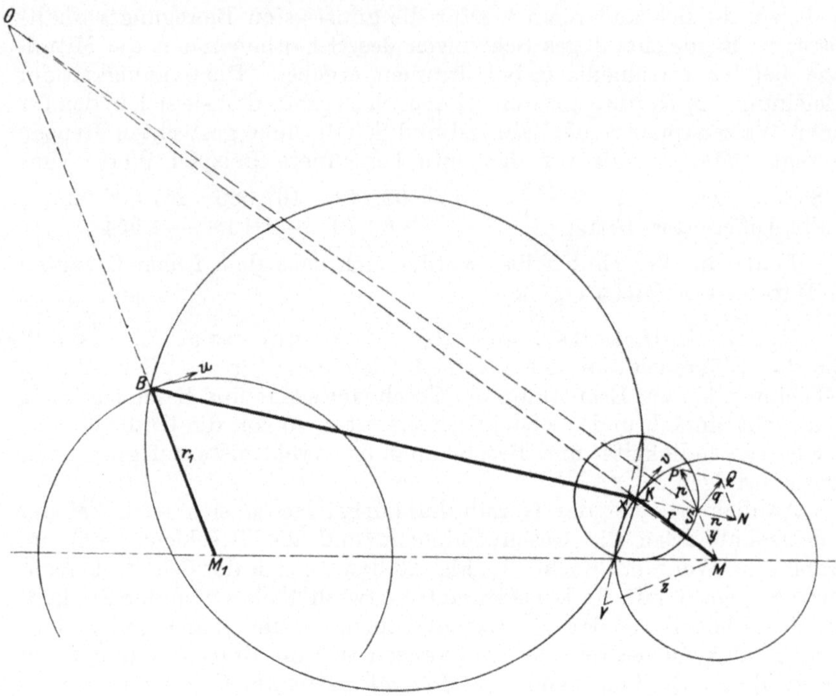

Fig. 23.

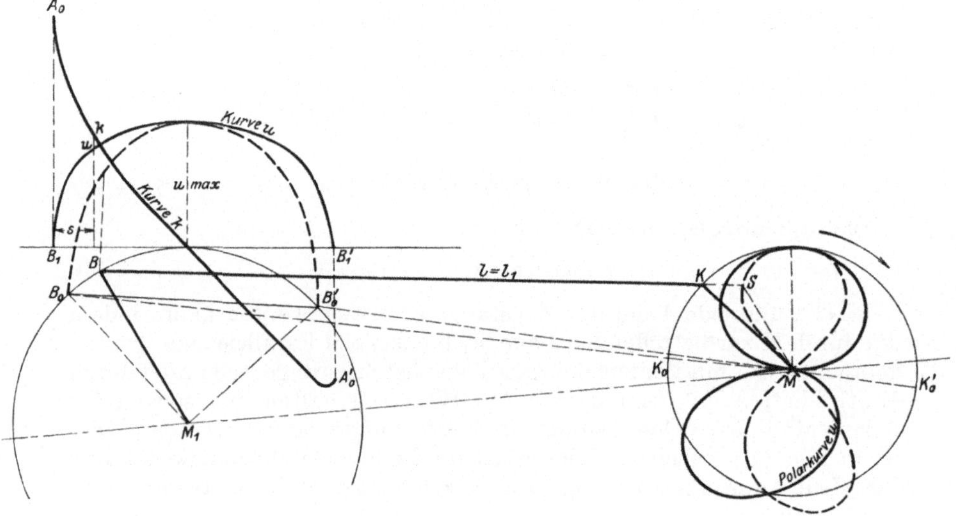

Fig. 24.

Kurve sind auf den gekrümmten Bogen $B_0 B_0'$ senkrecht zur zugehörigen Sehne, die der ganz ausgezogenen Kurve auf den abgewickelten Bogen bezogen . Für $\omega = 1$ stellt y unmittelbar die Geschwindigkeit u des Punktes B dar. Die Vorschubgeschwindigkeit des Materials wird durch Multiplikation von u mit dem konstanten Wert φ des Übersetzungsverhältnisses zwischen Schalthebel und Walzen erhalten. Die Kurve der Vorschubgeschwindigkeit wird wegen der Proportionalität einen ähnlichen Verlauf zeigen wie die Geschwindigkeitskurve des Schalthebels und erinnert lebhaft an die der Geradschubkurbel.

Die Polarkurve der Geschwindigkeit zeigt deutlich den Unterschied der Geschwindigkeitsgrößen zwischen Vor- und Rücklauf bzw. offener Anordnung der Zugstange und gekreuzter Anordnung. Darauf soll bei der Beurteilung noch zurückgegriffen werden.

Zur Bestimmung der Beschleunigung, welche die Geschwindigkeitszunahme pro Sekunde darstellt, sei angenommen, daß sich auch der Punkt S, welcher auf der in Figur 24 gestrichelt gezeichneten Polarkurve sich bewegt, mit den Punkten K und B um das zugehörige Momentanzentrum O mit der Geschwindigkeit q drehe. Es verhält sich dann (siehe Fig. 23)

$$u : v : q = O\,B : O\,K : O\,S$$

Zerlegt man die Geschwindigkeit q in die Komponenten n und p in Richtung der Zugstange und des Radius M S, so ist, da y für $\omega = 1$ unmittelbar die Geschwindigkeit u darstellt, p nichts anderes als die gesuchte Beschleunigung für $\omega = 1$. Die gesuchte Beschleunigung würde dann:

$$k = \omega \cdot p = \omega \cdot S\,P \quad\ldots\ldots\ldots \quad (34)$$

Zieht man nun durch M die Parallele M X zu O S und errichtet in X zu B K und in M zu M S die Lote, die sich in Y schneiden, so ist:

$$\triangle K\,S\,O \sim \triangle K\,X\,M$$

und:

$$\triangle M\,X\,Y \sim \triangle S\,Q\,P$$

Es verhält sich demnach:

$$p : q = M\,Y : M\,X$$

d. h. es ist:

$$p = q \cdot \frac{M\,Y}{M\,X} \quad\ldots\ldots\ldots \quad (35)$$

Außerdem verhält sich:

$$q : v = O\,S : O\,K = M\,X : M\,K = M\,X : r$$

woraus:

$$q = \frac{v}{r} \cdot M\,X = \omega \cdot M\,X \quad\ldots\ldots \quad (36)$$

Damit erhält man nach Gleichung (35):

$$p = \omega \cdot M\,Y$$

und wenn man diesen Wert in Gleichung (34) einsetzt:

$$k = \omega^2 \cdot M\,Y = \omega^2 \cdot z \quad\text{.......} \quad (37)$$

Hiernach kann k erhalten werden, wenn z bestimmt ist. z läßt sich aber für jede Lage konstruieren, wie aus obigem erhellt. Die Konstruktion hat jedoch den Nachteil ungenauer Schnitte, insbesondere in den Anfangslagen. Es läßt sich aber auch hier ähnlich wie bei der Geradschubkurbel zur Bestimmung des Punktes X ein genaueres Verfahren ermitteln, das auf folgender Betrachtung fußt. Es verhält sich nämlich:

$$K\,X : K\,M = K\,S : K\,O$$

ferner:

$$K\,S : K\,M = K\,B : K\,O$$

woraus:

$$K\,X : K\,S = K\,S : K\,B$$

oder:

$$(K\,S)^2 = K\,X \cdot K\,B$$

Hieraus folgt nach dem Satz vom rechtwinkligen Dreieck, daß jedes Kathetenquadrat gleich dem Rechteck aus der Hypotenuse und der Projektion der Kathete ist, folgendes einfache Verfahren: Man zeichnet den Kreis über B K und beschreibt um K mit K S einen Kreis, der den ersteren in 2 Punkten schneidet. Die Verbindungslinie dieser Punkte schneidet B K in Punkt X. Die weitere Konstruktion für Bestimmung von z erfolgt wie vorne angegeben; k selbst wird dann durch Multiplikation mit dem konstanten Wert ω^2 erhalten. Auf diese Weise wurde die in Fig. 24 gezeichnete Beschleunigungskurve erhalten, deren Verlauf an die Beschleunigungskurve der Geradschubkurbel erinnert und als verhältnismäßig günstig angesehen werden kann. Die ausgezeichneten Punkte der Geschwindigkeits- und Beschleunigungskurve sind ohne weiteres aus der Fig. 24 zu ersehen.

Beurteilung, Schaltellipse, Sinuskurvendiagramm, Versuche und Ausführungsformen des Schaltrades. Das im vorstehenden Entwickelte gibt mancherlei Gesichtspunkte für die Beurteilung des Walzenapparates, doch wird auch die jeweilige konstruktive Durchbildung hierbei noch von einiger Bedeutung sein. Im wesentlichen kann man in konstruktiver Hinsicht zweierlei Arten des Walzenapparates unterscheiden und zwar solche mit verzahntem Schaltrad bei Anwendung einer oder zwei Klinken bzw. Zahnsegmente, und solche mit Friktionsschaltrad. Es haben sich wie überall, so auch hier, noch manche Abarten herausgebildet, wie z. B. die Anordnung von verzahnter Zugstange und Zahnrad an Stelle von Klinke und Sperrad usw.; doch will ich mich hier auf die Haupttypen der beiden oben erwähnten Ausführungsformen beschränken, insbesondere soll aber die erste Anordnung mit verzahntem Schaltrad und Schaltklinke als die älteste und am meisten gebräuchliche besondere Erwähnung finden.

Wendet man die vorne gegebenen Kriterien auf die Walzenzuführungsvorrichtung an, so sieht man, daß der Zweck bei richtiger

Anordnung derselben, insbesondere richtiger Versetzung der Schaltscheibenkurbel gegen die Kurbelwelle erreicht ist, d. h., daß das Material
dem Arbeitswerkzeug richtig zugeführt wird und keine gegenseitige
Störung des Stößels und des Vorschubs eintritt. Sehr klar geht dies aus
dem bizentrischen polaren Exzentervorschubdiagramm, noch besser aber
aus den nach diesem konstruierten Fig. 25 und 26, der Schaltellipse
und dem Sinuskurvendiagramm, hervor.

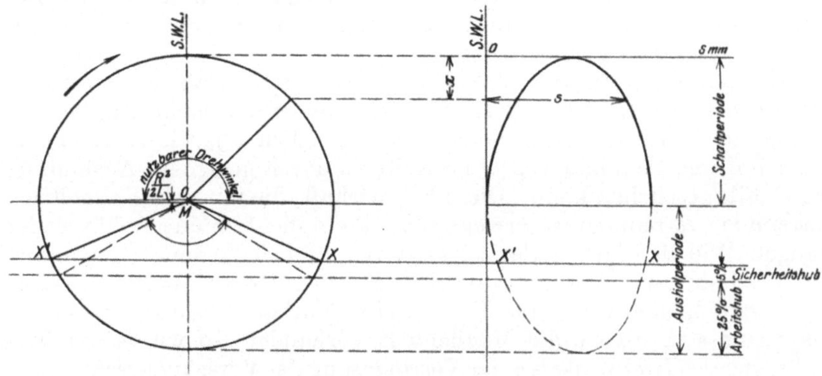

Fig. 25.

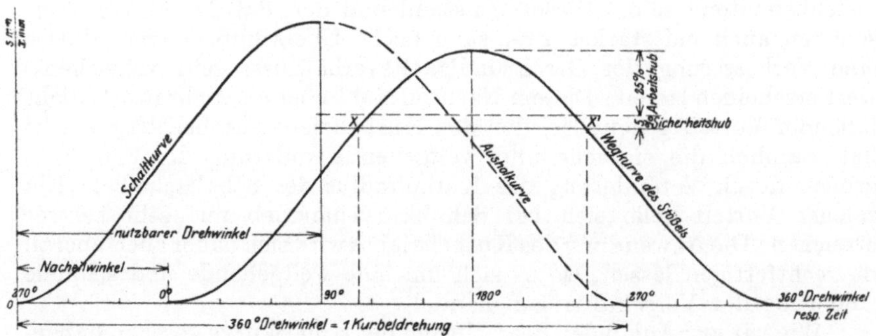

Fig. 26.

Trägt man nämlich die Stößelwege x auf der Stösselweglinie,
die ihre natürliche Lage beibehält, als Ordinaten, die zugehörigen Schaltbögen s als Abscissen auf, so erhält man die in Fig. 25 dargestellte Kurve
von ungefähr elliptischer Form, die „Schaltellipse” genannt sei. Man
kann natürlich auch die Vorschubgrößen als Abscissen auftragen und
erhält hierbei eine ähnliche Kurve, die „Vorschubellipse“.

Fig. 26, das „Sinuskurvendiagramm”, erhält man, indem man
die Wege des Stößels bzw. die Schaltbögen als Funktion der Drehwinkel der Exzenterwelle oder, da bei konstanter Winkelgeschwindigkeit

gleichen Drehwinkeln gleiche Zeiten entsprechen, als Funktion der Zeit aufträgt. Die Kurven ergeben sich hierbei als sinusähnliche Kurven.

In den Figuren ist angenommen, daß die Arbeitsperiode maximal 25 % des Stößelhubes beträgt; hierzu wurde zur Erhöhung der Betriebssicherheit ein Sicherheitshub von 5 % addiert. Die beiden Figuren sind ohne weitere Erklärung verständlich, sie geben außer dem schon erwähnten Überblick der richtigen Aufeinanderfolge von Arbeitsperiode und Materialvorschub, manche zur Konstruktion und Beurteilung brauchbare Grundlagen und bilden eine Ergänzung zu dem bizentrischen polaren Exzentervorschubdiagramm.

Es ist aus den Figuren zu ersehen, daß, da die Größe des nutzbaren Drehwinkels von ca. 180⁰ unveränderlich eine volle Ausnutzung des zur Verfügung stehenden Drehwinkels nicht möglich ist, wie es z. B. bei Antrieb durch Schubkurven ohne weiteres durch geeignete Ausbildung des Profils geschehen kann. Diese Eigenschaft, die mit dem Kurbeltrieb untrennbar verbunden ist, erweist sich als ein nicht zu unterschätzender Mangel. Wie die Figuren klar zeigen, wäre nämlich bei dem angenommenen Arbeitshub eine Vergrößerung des nutzbaren Drehwinkels theoretisch wohl möglich, aber wegen der Eigenart des Kurbeltriebs ist sie praktisch ausgeschlossen. Wäre die Möglichkeit vorhanden, so würde die Vergrößerung des Drehwinkels einer Verringerung der Vorschubgeschwindigkeit, bzw. bei gleich angenommener Geschwindigkeit einer Erhöhung der Umdrehungszahl und damit der Leistungsfähigkeit der ganzen Presse gleichbedeutend sein. Dieser Umstand und der, daß hei großen Vorschüben auch bei starker Bremsung leicht Überschub eintritt, dürfte eine Verbesserung der Geschwindigkeitsverhältnisse sehr wünschenswert erscheinen lassen. Diesem Nachteil steht aber ein mehr ins Gewicht fallender Vorteil gegenüber, der den Kurbeltrieb sehr beliebt gemacht hat, nämlich die einfache und weitgehende Änderung der Vorschubgrößen durch Veränderung des Kurbelradius der Schaltscheibe. Ein solcher Vorteil ließe sich bei Schubkurvenantrieb nur sehr schwer erreichen. Die Anwendung des Kurbeltriebes wird sich daher auch überall da rechtfertigen lassen, wo es sich um eine weitgehende und schnelle Änderung der Vorschubgrößen handelt.

Wie wir aus Anlaß der Betrachtung der Schaltkurve gesehen haben, ergibt die Sinusform derselben ruhigen, stoßfreien Gang, verhältnismäßig günstige Geschwindigkeits- und Beschleunigungsverhältnisse. Diese Annahmen bestätigen die in Fig. 24 aufgezeichneten Kurven der Geschwindigkeit und Beschleunigung. Stöße in der Vorschubbewegung selbst sind nur soweit vorhanden, als das Aus- und Einheben von Klinken notwendig wird und solche dadurch bei hoher Vorschubgeschwindigkeit bedingt sein können. Stöße, die nicht dem Kurbeltrieb selbst, sondern der notwendigen Versetzung der Kurbeln zur Last gelegt werden müssen, treten jeweils beim Einrücken der Presse, d. h. beim jeweiligen Inbetrieb setzen auf. Diese Stöße rühren daher, daß Schaltscheibenkurbel und Schalthebel sich beim Einrücken ungefähr gerade in der Lage befinden, in der, wie aus der Geschwindigkeitskurve zu ersehen, die größte Geschwindigkeit auftritt. Sie können sehr bedeutend sein, insbesondere bei großen Vorschüben, wie man sich an im Betrieb befindlichen Pressen oft überzeugen kann.

Da jedoch meist endlose Streifen zur Verarbeitung gelangen, also ein häufiges Aus- und Einrücken der Presse vermieden ist, so wird dieser Nachteil nicht allzuschwer ins Gewicht fallen. Wollte man diesen Übelstand vermeiden, so wäre auf ähnliche Weise abzuhelfen, wie es bei der Materialzuführung der Perforiermaschine erörtert wurde. Dies geschieht dort durch Anordnung eines beständig laufenden, nicht von der Kuppelung der Presse abhängigen Kurbeltriebs und willkürliche Beeinflussung der Schaltklinke. Daß bei wiederholtem Einrücken bedeutende Fehler in den Vorschubgrößen eintreten, zeigen die nachstehenden Versuche. Sie wurden angestellt, um den Einfluß der Vorschubgeschwindigkeit auf die Vorschubgrößen selbst und eventl. Gleiten des Materials zwischen den Walzen zu untersuchen.

Die zu den Versuchen benutzte, zweiarmige Exzenterpresse (s. Fig. 13), die mit einem normal gebauten Walzenapparat ausgerüstet ist, hat einen verstellbaren Hub von 15/25 mm; die Länge der Pleuelstange beträgt 290 mm. Die Umdrehungszahl der Presse ist normal 120, sie lief jedoch mit 132 Umdrehungen in der Minute. Der Walzenapparat mit paralleler Stangenanordnung, direktem Antrieb von einer auf der Kurbelwelle sitzenden Schaltscheibe und doppelseitiger Walzenanordnung hat im wesentlichen folgende Abmessungen:

$$\begin{aligned}
&\text{Exzentrizität der Schaltscheibe} \ldots\ldots\ldots\ldots 0-130 \text{ mm} \\
&\text{Länge der Zugstange} \ldots\ldots\ldots\ldots\ldots l = 720 \text{ mm} \\
&\text{Schalthebelradius} \ldots\ldots\ldots\ldots\ldots r_1 = 185 \text{ mm} \\
&\text{Durchmesser des verzahnten Schaltrades} \ldots\ldots 218{,}75 \text{ mm} \\
&\text{Teilung und Zähnezahl desselben} \ldots\ldots t = {}^{5}/_{8}\,\pi;\, z = 350 \\
&\text{Durchmesser der Walzen vorn und hinten} \ldots 68{,}59 \text{ mm} \\
&\text{Länge der Walzen vorn und hinten} \ldots\ldots 250 \text{ mm} \\
&\text{Übersetzungsverhältnis zw. Schalthebel u. Walzen} = 0{,}3.
\end{aligned}$$

Die Walzen waren geschliffen, ihre Belastung zur Erzeugung des nötigen Reibungsdruckes wurde durch Federn bewirkt.

Ein Werkzeug wurde zu den Versuchen nicht verwendet. Die Markierung der jeweiligen wirklichen Vorschubgrößen geschah derart, daß ein am Stößel befestigter Stift in dem über eine eiserne Unterlage gleitenden Blechstreifen eine leichte Vertiefung erzeugte. Die hierdurch ermöglichte Abmessung der Vorschubgrößen geschah in der Weise, daß mehrere Schaltungen zusammen gemessen wurden, woraus sich dann die Größe für eine Schaltung durch Division genauer ergab. Die Versuche wurden mit unterbrochener und fortlaufender Schaltung ausgeführt. Bei den ersten wurde nach jeder Schaltung aus- und wieder eingerückt, also die Schaltung unterbrochen, während bei den letzten nur einmal eingerückt und nach mehreren Schaltungen erst der Stößel stillgesetzt, also fortlaufend geschaltet wurde. Die Ergebnisse der Versuche sind in der Tabelle zusammengestellt.

Gugel.   4

1	2	3	4	5	6	7		8	
Nr. des Versuchs	Umdrehungszahl der Presse in der Minute	An der Schaltscheibe angeschriebener Vorschub mm	Radius der Schaltscheiben-Kurbel mm	Geschw. der Schaltscheiben-Kurbel mm/sec	Mittlere Vorschub-Geschw. des Materials nach 3 mm/sec	mm Blech-		Anzahl der Schaltungen	
						Breite	Stärke	unter-brochen	fort-laufend
1	Gleichförmige Bewegung durch Drehen des Schwungrades von Hand	0	—	—	—	—	—	—	—
2		10	16,2	—	—	60	0,6	—	10
3		20	33,8	—	—	60	0,6	—	10
4		30	49,9	—	—	60	0,6	—	10
5		40	66,3	—	—	60	0,6	—	10
6		50	81,0	—	—	60	0,6	—	10
7		60	95,4	—	—	60	0,6	—	10
8		70	108,8	—	—	60	0,6	—	8
9		80	122,4	—	—	60	0,6	—	7
10	132	10	16,2	224	44	180	0,3	10	—
11	132	10	16,2	224	44	180	0,3	—	10
12	132	10	16,2	224	44	60	0,3	10	—
13	132	10	16,2	224	44	60	0,3	—	10
14	132	20	33,8	467	88	180	0,3	9	—
15	132	20	33,8	467	88	180	0,3	—	10
16	132	20	33,8	467	88	60	0,3	9	—
17	132	20	33,8	467	88	60	0,3	—	10
18	132	30	49,9	690	132	180	0,3	10	—
19	132	30	49,9	690	132	180	0,3	—	10
20	132	30	49,9	690	132	60	0,3	10	—
21	132	30	49,9	690	132	60	0,3.	—	10
22	132	40	66,3	916	176	180	0,3	10	—
23	132	40	66,3	916	176	180	0,3	—	10
24	132	40	66,3	916	176	60	0,3	10	—
25	132	40	66,3	916	176	60	0,3	—	10
26	132	50	81,0	1120	220	180	0,3	8	—
27	132	50	81,0	1120	220	180	0,3	—	10
28	132	50	81,0	1120	220	60	0,3	8	—
29	132	50	81,0	1120	220	60	0,3	—	10
30	132	60	95,4	1318	264	180	0,3	6	—
31	132	60	95,4	1318	264	180	0,3	—	10
32	132	60	95,4	1318	264	60	0,6	7	—
33	132	60	95,4	1318	264	60	0,6	—	9
34	132	70	108,8	1502	308	180	0,3	6	—
35	132	70	108,8	1502	308	180	0,3	—	9
36	132	70	108,8	1502	308	60	0,6	6	—
37	132	70	108,8	1502	308	60	0,6	—	7
38	132	80	122,4	1692	352	180	0,3	5	—
39	132	80	122,4	1692	352	180	0,3	—	7
40	132	80	122,4	1692	352	60	0,6	5	—
41	132	80	122,4	1692	352	60	0,6	—	6
42	132	40	66,3	916	176	120	0,3	—	10
43	132	50	81,0	1120	220	120	0,3	—	10
44	132	60	95,4	1318	264	120	0,3	—	10
45	132	70	108,8	1502	308	120	0,3	—	10
46	132	80	122,4	1692	352	120	0,3	—	8

Walzenapparat.

9		10		11		
Wirklicher Vorschub mm		Schleudern bzw. Überschub nach 9 und 3		Wie 10, aber bezogen auf den wirklichen Vorschub I. 9.		Bemerkungen
insgesamt	für 1 Schaltung	mm	%	mm	%	
0	0	—	—	—	—	
100	10	0	0	0	0	
200	20	0	0	0	0	
300	30	0	0	0	0	
409	40,9	0,9	2,25	0	0	I. Versuchsreihe
508	50,8	0,8	1,6	0	0	
600	60	0	0	0	0	
560	70	0	0	0	0	
567	81	1	1,25	0	0	
100	10	0	0	0	0	
100	10	0	0	0	0	II. ,,
100	10	0	0	0	0	
100	10	0	0	0	0	
180,3	20,03	0,03	0,15	0,03	0,15	
200	20	0	0	0	0	III. ,,
180,4	20,04	0,04	0,2	0,04	0,2	
200	20	0	0	0	0	
310	31	1	3,33	1	3,33	
300,5	30,05	0,05	0,16	0,05	0,16	IV. ,,
310,5	31,05	1,05	3,5	1,05	3,5	
300,3	30,03	0,03	0,1	0,03	0,1	
456,5	45,65	5,65	14,1	4,75	11,9	
410	41	1,00	2,5	0,1	0,25	V. ,,
452,7	45,27	5,27	13,17	4,37	10,92	
410,5	41,05	1,05	2,6	0,15	0,38	
477,4	59,67	9,67	19,34	8,87	17,74	
510	51	1,00	2,00	0,2	0,4	VI. ,,
477,8	59,73	9,73	19,46	8,93	17,86	
510,5	51,05	1,05	2,10	0,25	0,5	
445,2	74,2	14,2	23,7	14,2	23,7	
608	60,8	0,8	1,3	0,8	1,3	VII. ,,
535	76,43	16,4	27,3	16,4	27,3	
544,2	60,47	0,47	0,8	0,47	0,8	
491	81,85	11,85	16,9	11,85	16,9	
643	71,44	1,44	2,06	1,44	2,06	VIII. ,,
523,5	83,9	13,9	19,8	13,9	19,8	
503,8	71,97	1,97	2,8	1,97	2,8	
482	96,4	16,4	20,5	15,4	19,3	
621	88,71	8,71	10,9	7,71	9,65	IX. ,,
470	94,0	14,0	17,5	13,0	16,25	
516	86,0	6,0	7,5	5,0	6,25	
410	41	1,00	2,5	0,10	0,25	
508,5	50,85	0,85	1,7	0,05	0,1	
602,5	60,25	0,25	0,4	0,25	0,4	X. ,,
700	70,0	0,00	0,0	0,00	0,0	
648	81,0	1,00	1,25	0,00	0,0	

Zu den Versuchen ist zu bemerken, daß sie den Anspruch größter Genauigkeit nicht machen wollen, da sie in Betrieb ausgeführt wurden. Die I. Versuchsreihe, also die Versuche 1—9, zeigt die wirklichen Vorschubgrößen im Vergleich zu den an der Schaltscheibenskala markierten. Die Ermittlung dieser zum Vergleich dienenden Vorschubgrößen geschah durch gleichmäßiges Drehen am Schwungrad von Hand. Die so ermittelten Werte sind sicherer, als wenn man sie durch Rechnung gefunden hätte, da sich leicht Fehler in den Abmessungen einschleichen. Meist weisen auch die einzelnen Abmessungsgrößen der Zeichnung häufig gegen die wirkliche Ausführung kleine Differenzen auf.

Die Versuchsreihen II—IX geben ein Bild über die Arbeitsgenauigkeit der Vorrichtung mit größer werdendem Vorschub, bzw. steigender mittlerer Vorschubgeschwindigkeit, und zwar bei unterbrochener und fortlaufender Schaltung. Hierbei muß gleich bemerkt werden, daß die Bremsen etwas schwach angezogen waren. In der Versuchsreihe X wurden dann die Versuche, bei denen sich ein starkes Schleudern ergab, also bei Vorschubgrößen von 40—80 mm, wiederholt mit stärker angezogenen Bremsen. Diese Versuchsreihe läßt den Einfluß der Bremsung auf die Genauigkeit des Vorschubs sehr gut erkennen.

Die Versuchsreihen II—IX bestätigen folgende Schlüsse, die einem die Überlegung nahe legt.

1. Die Genauigkeit des Vorschubs ist abhängig von der Vorschubgeschwindigkeit und den in der Vorrichtung angehäuften Massen. Mit wachsender Vorschubgeschwindigkeit und erhöhter Massenanhäufung wird größere Neigung zum Schleudern eintreten.

2. Durch häufiges Ein- und Ausschalten, also bei unterbrochenem Betrieb der Presse, ist die Gefahr des Schleuderns größer als bei fortlaufendem Betrieb; die Genauigkeit des Vorschubs nimmt dementsprechend ab.

3. Der Einfluß der Bremsung ist ein ganz bedeutender; die Bremsung hat so zu erfolgen, daß sie mit wachsender Vorschubgröße verstärkt wird.

4. Der Einfluß der Blechbreite ist von keinem oder nur geringem Einfluß auf die Vorschubgenauigkeit, ebenso die Blechstärke.

5. Ein Gleiten des Materials zwischen den Walzen tritt bei ausreichendem Federdruck auf die letzteren nicht ein. Hieraus ergeben sich folgende Hauptgesichtspunkte für die Konstruktion:

Massenanhäufungen sind möglichst zu vermeiden, da diese leicht, insbesondere bei hohen Vorschubgeschwindigkeiten, Schleudern und Überschub veranlassen.

Die Vorschubgeschwindigkeit ist durch richtige Durchbildung des Vorschubapparates möglichst niedrig zu halten.

Die Bremsung muß jeweils dem Vorschub angepaßt werden können, auch deshalb, um den Kraftverbrauch möglichst zu verringern.

Eine Erklärung, daß bei unterbrochenem Betrieb ein stärkeres Schleudern eintreten muß als bei fortlaufendem, gibt die Geschwindigkeitskurve. Die beweglichen Massen der Vorrichtung sollen sofort beim

Einrücken die in dieser Stellung für Schaltscheibe und Schalthebel sich ergebende maximale Geschwindigkeit annehmen; ebenso ist es beim Ausrücken. Das Einrücken, das den erwähnten Stoß erzeugt, würde aber weniger zum Schleudern Anlaß geben als der Umstand, daß beim Ausrücken bei maximaler Geschwindigkeit eine große lebendige Kraft vorhanden ist, die so lange Überschub veranlaßt, bis sie vollständig abgebremst ist. Die Versuche zeigen, daß bei ungenügender Bremsung ganz bedeutende Fehler im Vorschub auftreten (bis 20 % und mehr). Man sieht hier ganz deutlich, in welchem Maße die Leistungsfähigkeit der Presse nach 2 Seiten hin durch die Zuführungsvorrichtung bestimmt wird. Einerseits tritt eine Erhöhung derselben durch selbsttätige Zuführung des Materials ein, andererseits setzt sie aber auch dieser Leistungsfähigkeit eine Grenze, die durch Erhöhung der Umlaufszahl im Blick auf die Presse und den Arbeitsprozeß selbst noch überschritten werden könnte.

Es muß noch bemerkt werden, daß es sich bei den Versuchen um eine erhöhte Beanspruchung der Presse handelte, indem sie mit 132 Umdrehungen in der Minute, statt mit normal 120 lief. Bei 132 Umdrehungen beträgt die Winkelgeschwindigkeit der Exzenterwelle:

$$\omega = \frac{\pi \cdot n}{30} = \frac{\pi \cdot 132}{30} = 13{,}816 \text{ cm/sec},$$

sie vermindert sich aber bei 120 Umdrehungen auf 12,566 cm/sec. Im Verhältnis dieser beiden Winkelgeschwindigkeiten würde sich bei normalem Betrieb die Geschwindigkeit des Schalthebels und die Vorschubgeschwindigkeit verkleinern.

Was die Anordnung der Verbindungsstange zwischen Schaltscheibenkurbel und Schalthebel anbelangt, so ist diese möglichst als Zugstange auszubilden; Beanspruchung auf Druck ist zu vermeiden, da die Stange hierbei nach der Mitte zu verstärkt werden muß. Dies kommt aber einer vermehrten Massenanhäufung gleich, die, wie wir eben gesehen haben, möglichst zu vermeiden ist. Ob die Verbindungsstange parallel oder gekreuzt anzuordnen ist, darüber ist man sich offenbar nicht ganz im klaren, wie die verschiedenen Ausführungen zeigen. Besieht man sich jedoch die in Fig. 24 aufgezeichnete Geschwindigkeitskurve, so kann man kaum mehr in Zweifel darüber sein, daß die parallele Anordnung der Stange die beste ist. Die dort gezeichnete polare Rücklaufkurve, die zugleich als Vorlaufkurve für gekreuzte Stangenanordnung angesehen werden kann, zeigt, daß bei dieser Anordnung wesentlich höhere Geschwindigkeiten auftreten, als bei paralleler Anordnung der Stange, was natürlich nur nachteilig wirken wird. Bei paralleler Anordnung ist aber der Umstand einer auftretenden höheren Geschwindigkeit beim Rücklauf vorteilhaft, indem ein etwas beschleunigter Rückgang als selbstverständliche Eigenschaft des Kurbeltriebs auftritt. Die gekreuzte Anordnung der Stange sollte aus den eben erwähnten Gründen überall, wo nicht etwa ganz besondere Vorteile konstruktiver oder anderer Art sie befürworten, vermieden werden.

Häufig wird die Zugstange verstellbar ausgeführt, sofern die verschiedenen benutzten Werkzeuge eine Verstellung des Tisches erfordern. Die Einstellung der Zugstange erfolgt jeweils derart, daß der Schalthebel um seine Mittellage schwingt, wobei sich dann in den äußersten Lagen ungefähr gleiche Neigungswinkel der Zugstange gegen den Schalthebel ergeben. Um bei nicht verstellbarer Zugstange bei den verschiedenen Schaltradien die Mittelstellung zu erhalten, wäre die Nute der Schaltscheibe eigentlich als Kreisbogen mit der Zugstangenlänge als Radius um die Mittellage des Schalthebelangriffspunktes auszuführen. Da sich jedoch hierbei konstruktive Schwierigkeiten ergeben, so wird die Nute als Sehne des Kreisbogens ausgeführt, was für die Praxis ohne Bedenken geschehen kann. Die günstigste Länge der Zugstange bestimmt

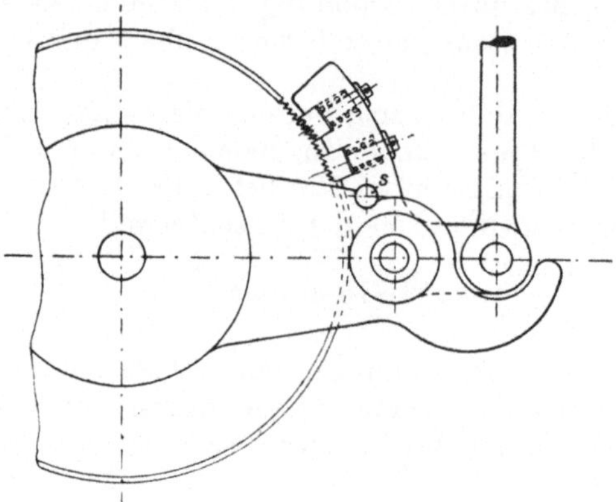

Fig. 27.

sich nach den früher gegebenen Gesichtspunkten (S. 42 ff.).

Was nun die Arbeitsgenauigkeit des Walzenapparates anbelangt, so wurde ja hierüber schon anläßlich der Entwicklung des Näherungsverfahrens für den Schaltbogen und die Vorschubgröße einiges angedeutet (S. 41 ff.). Die Vorschubgrößen können hiernach bei verzahnten Schalträdern mit einer Klinke bzw. einem Zahnsegment nur auf ganze Millimeter eingestellt werden. Will man noch Vorschübe von $\frac{1}{2}$ mm erreichen, so geschieht dies durch Anordnung zweier um $\frac{1}{2}$ Zahnteilung versetzter Klinken, oder häufiger durch 2 um $\frac{1}{2}$ Zahnteilung versetzte, in einer Klinke befestigte Zahnsegmente, wie Fig. 27 zeigt. Die Zahnsegmente haben gegenüber der einfachen Klinke den Vorteil einer weitgehenden Verminderung der spezifischen Zahnpressung, wodurch geringere Abnutzung und Erhöhung der Lebensdauer des Schaltrades erreicht wird. Demgegenüber erfordern aber die Zahnsegmente genauere Arbeit. Denkt man sich außerdem, daß es nicht ausgeschlossen ist daß Eisen- oder Holzteilchen in die Zähne des Schaltrades fallen, so ergibt sich auch hieraus ein Nachteil. Dieser Nachteil ist bei der einfachen Klinke lange nicht in dem Maße vorhanden, da sie imstande ist, Holz zu zerdrücken. Bei Eisenteilchen überspringt die Klinke nur einen Zahn, während beim Segment sämtliche Zähne über diesen Zahn gleiten, bis ein Eingriff möglich ist. Der hierdurch entstehende Fehler wird auf diese Weise ein Vielfaches des Fehlers bei einfacher Klinke. Bei Anordnung von 2 Segmenten ist außerdem eine besondere Vorkehrung zu treffen, daß der Aushebe- oder Leerhub der Klinke für

beide Segmente derselbe wird, da sich sonst Vorschubdifferenzen
bei Benutzung des einen oder andern Segments ergeben. Die Regulierung
des Aushebehubs wird in einfacher Weise errreicht durch Anbringen eines
Stiftes s, so daß stets der größere Aushebehub maßgebend ist. Bei dieser
Anordnung ist es dann notwendig, daß beide Segmente federnd gelagert
werden. Hierdurch ist aber infolge der im Lauf der Zeit eintretenden
Abnutzung eine weitere Möglichkeit zu Ungenauigkeiten im Vorschub
gegeben. Die Abnutzung der Zähne oder Zahnsegmente wird übrigens,
wenn nicht ein gleichmäßiges Arbeiten mit beiden Klinken vorhanden
ist, keine gleichmäßige sein. Der Vorteil der Verringerung der spezifischen
Pressung wird fraglich bei nicht sehr genauer Arbeit, also wenn z. B.
nur ein Zahn nicht gut eingreift.

Daß mit den verzahnten Schalträdern nur Vorschübe von 1 bzw.
$\frac{1}{2}$ mm erreicht werden, ist als ein Mangel anzusehen, der sie nicht für
alle Zwecke verwendbar macht, jedoch dem Walzenapparat selbst nicht
zur Last gelegt werden kann. Es gibt aber in der Praxis viele Fälle,
in denen eine weitgehende Regulierung der Vorschubgrößen wünschenswert erscheint. Man hat deshalb den Friktionsantrieb eingeführt, bei
dem an Stelle des verzahnten Schaltrades ein Friktionsschaltrad tritt.
Man suchte so auch den einfachen Walzenapparat mit den später zu be-
handelnden, komplizierteren Zuführungsvorrichtungen mit Greifer,
die den Vorteil großer Genauigkeit besitzen, konkurrenzfähig zu machen.
Das Friktionsschaltrad hat mancherlei Durchbildungen erfahren, von
denen nur einige hier angeführt werden sollen.

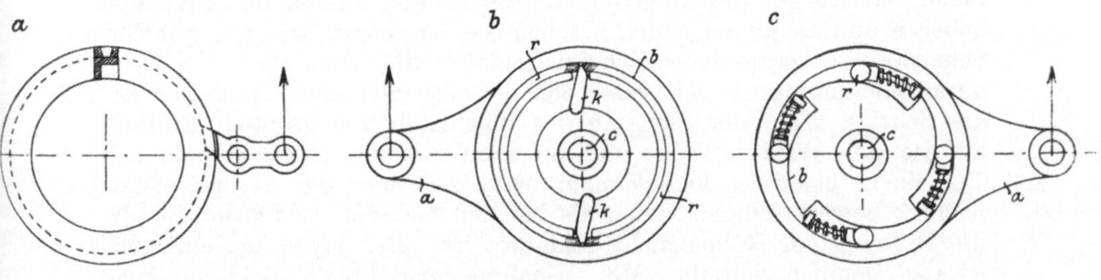

Fig. 28 a—c.

Die Figuren 28 zeigen verschiedene Ausführungen in schematischer
Darstellung. In Fig. 28 a ist die Anordnung der Klinke wie beim verzahnten Schaltrad beibehalten. Das Schaltrad selbst ist mit einer
trapezförmigen Nute versehen, in welche die ebenso geformte Klinke
eingreift und das Schaltrad durch Reibung mitnimmt. Die gute und
sichere Wirkungsweise dieser Anordnung wird in hohem Maße von der
richtigen Wahl der Trapezform, des Hebelarms der Klinke und der
Beschaffenheit der Reibungsflächen abhängig sein. Bei ungenügender
Würdigung dieser Faktoren und bei großen Widerständen beim Vorschub
kann leicht entweder ein Festklemmen oder Gleiten der Klinke eintreten.
Die Betriebssicherheit wird eine geringere sein als beim verzahnten

Schaltrad, insbesondere bei großen Vorschüben. Dieser Umstand macht das Friktionsschaltrad, wie wir bei der Perforiermaschine gesehen haben, für Materialzuführungsvorrichtungen, bei denen sich die Anordnung großer Massen nicht vermeiden läßt, ungeeignet. Wo aber solches nicht der Fall ist, bietet das Friktionsschaltrad den Vorteil weitgehender Regulierbarkeit der Vorschubgrößen. Der notwendige Leerhub ist in Fig. 28a und 28b unvermeidlich.

Fig. 28b zeigt eine in konstruktiver Hinsicht kompliziertere Form der Ausführung. Die Wirkungsweise ist dadurch gegeben daß die keilförmigen Klemmbacken k bei Drehung des Schalthebels a die Klemmringhälften r gegen die zylindrische Wand b einer gebremsten Scheibe pressen und diese mitnehmen. Das von Fig. 28a Gesagte gilt hier noch in erhöhtem Maße. Bei nicht sehr günstiger Wahl des Neigungswinkels der Klemmbacken gegen die Ringfläche b kann sehr leicht ein Festklemmen eintreten, wodurch die Vorrichtung wirkungslos wird. Starkes Bremsen kann ja wohl zur besseren Lösung der als Kniehebel wirkenden Klemmbacken beitragen, doch bedingt die Vergrößerung der auch beim Vorschub zu überwindenden Reibungskraft ein stärkeres Festpressen der Backen und erhöhten Kraftverbrauch. Verschiedene Länge der Klemmbacken kann auch leicht zu Unzuträglichkeiten führen.

Fig. 28c zeigt eine Ausführung, bei der der tote Gang auf ein äußerstes Minimum reduziert ist und als eigentlich nicht vorhanden betrachtet werden kann. Die lose eingelegten Rollen r werden durch Federn stets gegen die Ringfläche des als Scheibe ausgebildeten Schalthebels a und die ansteigenden Flächen b einer gebremsten, fest mit der Schaltwelle c verbundenen Scheibe gepreßt. Bei Drehung von a wird durch Klemmung die gebremste Scheibe mitgenommen. Auch hier ist die richtige Wahl der Steigung der Flächen b von größtem Einfluß auf die gute Wirkungsweise und auf ein Vermeiden von Festklemmen. Bei einem etwaigen Festklemmen wird sich hier die Lösung etwas leichter bewerkstelligen lassen als bei den anderen Ausführungen, da die Drehung der Rollen nicht gehindert ist. Der ganze Mechanismus ist aber ziemlich vielteilig. Mit Ausnahme der richtigen Wahl und Ausführung der ansteigenden Flächen ist diese Anordnung ziemlich unempfindlich gegen sonstige kleine Ausführungsfehler, z. B. verschiedene Durchmesser der Rollen usw. was von einigem Vorteil ist. Daß aber die Walzen nicht ohne besondere Anordnung durch eine angebrachte Kurbel von Hand rückwärts gedreht werden können, da sich die ansteigenden Flächen sofort festklemmen, muß als Nachteil bezeichnet werden. Bei richtiger Wahl der im vorstehenden bezeichneten Größen und genauer Ausführung kann man diese Friktionsanordnungen als eine wesentliche Verbesserung des Walzenapparates ansehen, die in den gesteckten Grenzen hohen Anforderungen an die Genauigkeit genügen. Die Verwendung des Friktionsantriebes ist jedoch nur für kleinere Vorschubgrößen und für Werkzeuge ohne mm-Teilung zu empfehlen.

Im nachstehenden wäre noch ein Punkt zu berühren, der in Praxis meist volle Würdigung findet, nämlich die Materialstreckung und die Maßnahmen, diese in ihrer störenden Wirkung auf den Arbeitsprozeß und die Arbeitsgenauigkeit zu beseitigen. Durch die Bearbeitung erfährt das Material eine Streckung, wodurch der zwischen den beiden Walzenpaaren laufende Teil des Blechstreifens sich verlängert und ausbaucht. Diese Streckung macht sich natürlich, je längere Zeit gearbeitet wird, desto mehr bemerkbar und wirkt störend auf den Arbeitsprozeß und die Arbeitsgenauigkeit. Um diese Störung zu beseitigen, hat man im wesentlichen zwei Methoden angewendet. Die eine ist die Vergrößerung des hinteren, am Auslauf befindlichen Walzenpaares und die andere die selbsttätige Walzenabhebung. Die letztere wurde am Anfang dieses Abschnitts schon erwähnt und findet außerdem zu dem dort angegebenen Zweck zugleich Verwendung.

Besieht man sich die erste Methode, so muß, da Anhaltspunkte über die Materialstreckung fehlen, die Vergrößerung der hinteren Walzendurchmesser als willkürlich bezeichnet werden. Es ergibt sich hieraus, daß, sofern nicht die Vergrößerung des Durchmessers gerade im richtigen Verhältnis der Materialstreckung steht, je nachdem der Reibungsdruck zwischen den Walzen vorn oder hinten größer ist, ein relatives Gleiten der hinteren oder vorderen Walzen gegenüber dem Blechstreifen eintritt. Im letzteren Fall wird die Vorschubgröße selbst abhängig vom Durchmesser der hinteren Walzen und der Materialstreckung. Daß beides nicht vorteilhaft ist, das letztere noch weniger als das erstere, liegt klar auf der Hand. Beim ersteren ergibt sich durch das Gleiten der hinteren Walzen auf dem ausgearbeiteten Blechstreifen leicht eine Beschädigung und Abnutzung der Walzen; beim letzteren aber wird die Vorschubgröße selbst ungenau. Man ist aus diesen Gründen auch da und dort von dieser Methode abgekommen und hat die durch den Stößel bewirkte, selbsttätige Abhebung der Oberwalzen eingeführt. Hierbei wird jeweils nach der Schaltperiode bei Annäherung des Stößels an das Blech eine oder beide Oberwalzen gehoben; dadurch wird der Blechstreifen freigegeben, so daß sich die Materialstreckung ausgleichen kann. Die Abhebung der hinteren Oberwalze genügt eigentlich hierzu und ist vorteilhafter als die Abhebung beider Oberwalzen. Im letzteren Fall wird nämlich der Blechstreifen kurze Zeit ganz freigegeben, und es ist eine Verschiebung nicht ausgeschlossen. Die in dieser Weise betätigte Anordnung gibt eine wirksame, mit keinen Nachteilen verbundene Beseitigung des Einflusses der Materialstreckung.

Was nun noch den Kraftverbrauch eines Walzenapparates anbelangt, so ist dieser ein bei vollkommener Beurteilung nicht zu unterschätzender Faktor. Vergleichende Zahlenwerte können hierüber nicht angegeben werden, da es in der Literatur hierfür noch an grundlegenden Versuchen fehlt. Eines läßt sich jedoch mit Bestimmtheit sagen, daß nämlich ein wesentlicher Teil des Kraftverbrauchs zur Überwindung der zur Abbremsung der Massenkräfte notwendigen Bremskräfte verwendet wird. Durch die Bremsung ist außerdem eine erhöhte Beanspruchung

des Schaltmechanismus, insbesondere von Schaltrad und Schaltklinke
bedingt. Um den hierdurch bedingten Mehrkraftverbrauch und die
Beanspruchung zu vermindern, wäre die Vorrichtung so zu konstruieren,
daß erst kurz vor Ende der Schaltperiode die Bremsen zur Wirkung
kommen.

Im Anschluß hieran sei noch eine Vorrichtung zur Begrenzung
des Vorschubs des von Hand eingeführten Blechstreifens erwähnt.
Die Vorrichtung ist insbesondere für den Walzenapparat gebaut und
durch das D.R.P. 207 980 geschützt. Sie besteht aus einem einfachen
Schieber, der nahe hinter dem Werkzeug in den Weg des Blechstreifens
tritt, sobald die zum Einführen des Streifens notwendige Hebung der
oberen Vorderwalze vollzogen ist. Wenn die Walze wieder auf die Unter-
walze zurückgebracht wird, geht der Schieber zwangläufig zurück,
wodurch die Bahn für den Streifen frei wird. Der Zweck dieser Begrenzung ist, zu verhindern, daß das Material im Anfang nicht vollständig
ausgenutzt wird und durch zu weite oder ungenügende Einführung des
Streifens zuviel Abfall oder fehlerhafte Werkstücke entstehen. Die
Verwendung dieser Vorrichtung, die eine Komplikation des Vorschubapparates darstellt, wird natürlich nur bei breiten Blechstreifen (also
Blechbändern und mehrteiligen Werkzeugen) einen nennenswerten
Vorteil ergeben.

2. Selbsttätige Materialzuführung durch Greiferspeiseapparat[1]). Die
im vorstehenden Abschnitt erwähnten Nachteile, insbesondere der
einer beschränkten Genauigkeit, haben der Verwendung des Walzenapparates Grenzen gesetzt, über die hinaus noch ein weitgehendes
Bedürfnis vorhanden war. Hier ist hauptsächlich die selbsttätige
Materialzuführung bei Massenerzeugung von Präzisionsartikeln zu erwähnen, bei denen es auf große Gleichmäßigkeit in der speziellen Ausführung ankommt. Aus diesem Bedürfnis heraus ist der Greiferspeiseapparat entstanden, der, eingebaut in eine Exzenterpresse, insbesondere
in der Näh-, Schreib- und Rechenmaschinen-, Automobil-, Uhren- und
Spielwarenindustrie zu einiger Bedeutung gelangt ist. Der Vorschubapparat wird einseitig und doppelseitig angebracht. Fig. 29 zeigt die
letztere Anordnung. Die Vorrichtung ist durch das deutsche Reichs-
patent 108 939 geschützt und stellt im Prinzip das „Hundhausen"-
Patent dar. Die nähere Einrichtung des Vorschubapparates ist folgende.
Die Planschubkurve wird durch Räderübersetzung von der Exzenterwelle angetrieben. Sie betätigt die Schwinge, an der die Zugstange
befestigt ist; diese führt zu einem Hebel, der fest auf einer Welle sitzt
und mittels eines fest mit dieser verbundenen Hebels den Transportschieber a bewegt. Bevor jedoch die Verschiebung des Schiebers beginnt,
schließen sich die auf ihm sitzenden Materialklemmen. Dies wird
mittels der Druckstücke c erreicht, welche von der Raumschubkurve d
mittels Winkelhebels betätigt werden. Die Wirkung dieser Druck-

---

[1]) Siehe auch Z. d. J. d. I. 1910, Seite 1851.

stücke hält jedesmal so lange an, bis der Materialvorschub beendet und die beiderseitig angebrachten feststehenden Materialklemmen sich geschlossen haben.   Das Material wird auf diese Weise gegen jegliche Verschiebung gesichert.   Nun geht der Arbeitsprozeß des Werkzeugs vor sich, und es erfolgt in dieser Zeit der Rückgang des Transportschiebers, dessen Klemmen sich inzwischen wieder geöffnet haben.

Fig. 29.   Exzenterpresse mit Greiferspeiseapparat.   (E. Kircheis.)

Am Ende des Rückgangs schließen sich die Transportklemmen sofort wieder. Damit wird bei dem jetzt erfolgenden, durch Raumschubkurve bewirkten Öffnen der stationären Materialklemmen das Material zunächst gegen willkürliche Verschiebung gesichert; der Vorschub kann nun von neuem beginnen.   Zum bequemen Einführen des Materials bei ruhender Presse und eventl. Durchschieben sind die Handhebel e angebracht, durch welche sich die bei ruhender Presse geschlossenen Transportklemmen öffnen lassen. Zur sicheren Führung des Blechstreifens unter das Werkzeug ist am Einlauf ein Auflagetisch mit verstellbaren

Anschlägen angebracht. Die Vorrichtung stellt in der Hauptsache eines der Schaltwerke aus zwangläufig gesteuerten, ruhenden Gesperren der erwähnten Patentschrift dar.

Die verschiedenen Bewegungsvorgänge verteilen sich hiernach auf eine Umdrehung der Kurbelwelle, wie Fig. 30 zeigt.

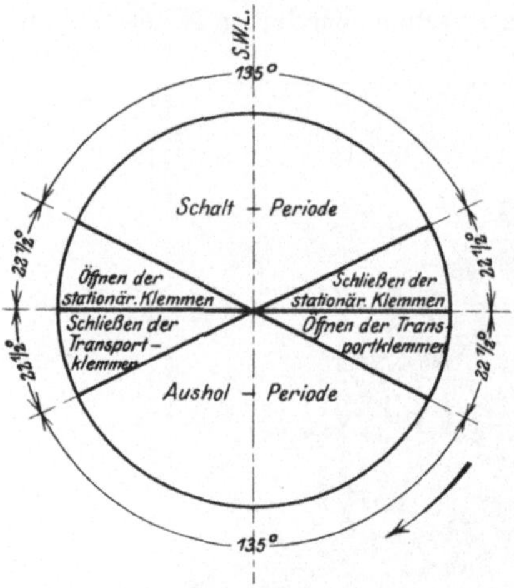

Man sieht aus der Figur deutlich in welcher zeitlichen Aufeinanderfolge die einzelnen Bewegungsvorgänge sich vollziehen. Die zum Antrieb verwendeten 3 Schubkurven müssen dementsprechend ausgebildet und gegeneinander versetzt werden. Für Schließen und Öffnen der Transport- bzw. stationären Klemmen sind jeweils in diesem Fall Drehwinkel von $22^1/_2^0$ notwendig. Ihre Größe kann mit Rücksicht auf Ausbildung der Kurven, auf Vermeidung hoher Beschleunigungen und eventuell Stöße kaum vermindert werden. Für die Schalt- bzw. Ausholperiode, die aus noch zu erwähnenden Gründen gleich groß gewählt worden sind, ergeben sich nutzbare Drehwinkel von 135°. Sie bestimmen zusammen mit der zulässigen Vorschubgeschwindigkeit die Umdrehungszahl und Leistungsfähigkeit der Presse. Der Winkel von 135° ist gegen die bei früheren Anordnungen gefundenen nutzbaren Drehwinkel von 180° und mehr verhältnismäßig klein und bedingt hohe Vorschubgeschwindigkeit bzw. niedrige Umdrehungszahl. Es ist jedoch hierbei zu berücksichtigen, daß wir es hier mit einem vollständig zwangläufigen Mechanismus zu tun haben, also ein Schleudern wie bei anderen Vorrichtungen nicht eintreten kann. Diesem Umstande ist es zuzuschreiben, daß der Einfluß des verhältnismäßig kleinen nutzbaren Drehwinkels auf die Umdrehungszahl im Vergleich zu anderen Vorrichtungen kein so bedeutender ist. Immerhin wäre aber auch hier die Vergrößerung des Drehwinkels für die Vorschubperiode von großem Vorteil. Es ließe sich damit die durch die hin- und hergehenden Massen begrenzte Vorschubgeschwindigkeit ermäßigen, bzw. bei gleichbleibender Vorschubgeschwindigkeit die Umdrehungszahl und Leistungsfähigkeit steigern. Der nutzbare Drehwinkel ist durch die zum Schließen und Öffnen der Materialklemmen notwendigen Drehwinkel einerseits und die für die Ausholperiode notwendigen Drehwinkel andererseits bestimmt. Die ersten lassen sich aber, wie wir gesehen haben, nur sehr schwer verkleinern, auch ist die Verkleinerung des für die Ausholperiode notwendigen Drehwinkels wegen der beim Hin- und Rückgang zu bewegenden gleichen Massen

Fig. 30.

kaum oder nur wenig möglich. Es liegt hierin ein gewisser Nachteil, der die Steigerung bis zur höchsten Leistungsfähigkeit, wie sie die Anordnung von Schubkurven sonst zuläßt, nicht ermöglicht. Eine etwaige Verkleinerung des Drehwinkels für die Ausholperiode zugunsten desjenigen für die Schaltperiode ließe sich dadurch rechtfertigen, daß beim Ausholen die Masse des Blechstreifens und die Vorschubwiderstände wegfallen. Dies ist z. B. bei einem in derselben Patentschrift verzeichneten Schaltwerk, bei dem die beim Ausholen zu beschleunigende Masse kleiner ist als die beim Vorschub zu beschleunigende, in vorteilhafter Weise geschehen. Es zeigt sich aber auch hier noch der Einfluß der zum Öffnen und Schließen der Gesperre notwendigen Drehwinkel. Der Einfluß ließe sich allerdings, wenn es notwendig erscheinen würde, bei diesem Schaltwerk noch verringern.

Wie die Anordnung der Materialklemmen die Vorschubgeschwindigkeit beeinflußt, so bedingt — da der sonstige Vorteil der Schubkurven der maximalen Ausnutzung des Drehwinkels hier wegfällt — lediglich sie auch die Anordnung der Schubkurve mit Schwinghebel zum Antrieb des Transportschiebers. Nur die Schubkurve läßt die richtige zeitliche Aufeinanderfolge der einzelnen Bewegungen zu. Die Ausbildung der Schubkurve hat dementsprechend auch mit Rücksicht hierauf zu erfolgen, unter Zugrundelegung einer vorteilhaften Schaltkurve. Wären die Materialklemmen entbehrlich, so könnte an Stelle dieses Antriebs ein wesentlich einfacherer und billigerer Kurbeltrieb treten. Es ist zweifellos, daß diese Art der Ausführung der Materialzuführungsvorrichtung komplizierte Bewegungsorgane erfordert, deren Vorteile mit Rücksicht auf die Bewegungsvorgänge selbst, nicht wie bei anderen Zuführungsvorrichtungen ausgenutzt werden können. Diesem Nachteil steht aber der Vorteil erhöhter Genauigkeit gegenüber. Dieser kann zweifellos erreicht werden, wenn der vielteilige Bewegungsmechanismus, insbesondere die Schubkurven, genau gearbeitet, richtig ausgebildet und montiert, und solange keine Abnutzungen vorhanden sind. Abnutzungen können sich bei den verhältnismäßig großen hin- und hergehenden Massen leicht einstellen. Daß übrigens die Genauigkeit des Vorschubs bei doppelseitiger Anordnung der Materialklemmen durch die Materialstreckung beeinflußt werden kann, liegt auf der Hand, um so mehr, als sie gerade durch das stetige Festhalten des Blechstreifens begünstigt wird. Es läßt sich wohl durch geringen Abstand der beiden stationären Materialklemmen die Streckung vermindern; sie aber ganz auszuschalten, würde besondere Vorrichtungen bedingen. Inwieweit hierdurch eine Beeinflussung des Vorschubs über die Grenzen praktischer Genauigkeit hinaus stattfindet, könnte nur auf Grund eingehender Versuche festgestellt werden. Bei solchen Versuchen müßten dann insbesondere die ungünstigeren Verhältnisse, d. h. die, bei denen infolge der Bearbeitung des Blechstreifens durch entsprechende Werkzeuge größere Streckungen auftreten, besondere Berücksichtigung finden.

Hinsichtlich der Untersuchung der Getriebe verweise ich auf die mathematischen Untersuchungen des Schubkurven- und Kurbeltriebs, die sinngemäß angewendet, auch hier Geltung haben. Besondere Beachtung erfordert die Ausbildung der Verbindungsstange zwischen den Schwinghebeln, die in der vorliegenden Ausführung als Druckstange ausgebildet ist. Die Beanspruchung auf Druck erfordert ziemlich starke Dimensionierung, was aber gleichbedeutend mit einer nicht erwünschten vermehrten Massenanhäufung ist. Außerdem ist die Verbindungsstange gekreuzt angeordnet, wodurch sich eine Erhöhung der maximalen Vorschubgeschwindigkeit ergibt. Diese Anordnung würde besser vermieden, um die Massen- bzw. Beschleunigungskräfte möglichst zu verringern. Der Angriffspunkt der Schubkurve am Schwinghebel wird unter zwei Gesichtspunkten zu wählen sein, und zwar so, daß einerseits die Schubkurve oder der Schwinghebel nicht zu groß ausfallen. Andererseits aber soll der Angriffspunkt möglichst weit vom Drehpunkt des Schwinghebels entfernt sein, damit sich etwaige Ungenauigkeiten des Profils der Schubkurve vermöge der hierdurch erzielten kleineren Hebelübersetzung am Transportschieber selbst möglichst wenig bemerkbar machen.

Die getroffene Anordnung von gekreuzter Zugstange läßt sich wohl durch konstruktive Gesichtspunkte rechtfertigen. Die Massen von Schwinghebel und Verbindungsstange wirken im ersten Teil der Vorschubperiode insofern günstig, als sie durch ihr Eigengewicht zum Vorschub beitragen. Es wird auch eine Verringerung der spezifischen Pressung zwischen der Rolle des oberen Schwinghebels und der Schubkurve erreicht. Doch wird sich hieraus auch ein Nachteil für den zweiten Teil der Schaltperiode ergeben, denn eben diese Massen bzw. Massenkräfte sind bestrebt, die Verzögerungsperiode zu verlängern und die spezifische Pressung zwischen Rolle des Schwinghebels und Schubkurve in diesem Teil zu erhöhen. Ein gewisser Vorteil des teilweisen Ausgleichs der spezifischen Pressungen in der Beschleunigungs- und Verzögerungsperiode während des Vorschubs ist nicht zu verkennen. Er bewirkt einigermaßen gleichmäßige Abnutzung der Schubkurve. Wollte man diese Massen für die Ausholperiode derart nutzbar machen, daß durch ihren Niedergang eine Verminderung der bewegenden Kräfte eintritt, so wäre wohl eine Vergrößerung des nutzbaren Drehwinkels für die Schaltperiode möglich, jedoch würde eine Erhöhung der Umdrehungszahl und Leistungsfähigkeit wegen der dann beim Vorschub selbst zu bewegenden größeren Massen nicht möglich sein.

Was nun den Einfluß der Blechstärke anbelangt, so ist ein solcher auf den Vorschub selbst ausgeschlossen. Bei den Materialklemmen, die einen unveränderlichen, durch die erwähnten Kurvenscheiben bestimmten Hub haben, ist der Einfluß durch geeignete Ausbildung der Klemmen ausgeschaltet. Es können also sowohl dünne als dicke Bleche sicher gefaßt werden. Einflüsse der Abnutzung der Klemmen selbst oder der Niederhalter und der diese betätigenden Schubkurven auf die Genauigkeit des Vorschubs sind durch diese Anordnung kaum möglich.

Ein nicht zu unterschätzender Vorteil ist auch der Wegfall der sonst notwendigen Bremsen durch die hier vollständig zwangläufige

Anordnung des Bewegungsmechanismus. Sie macht allerdings auch den Rücklauf sämtlicher Teile des Vorschuborgans notwendig. Wollte man hieraus Schlüsse ziehen hinsichtlich des Kraftverbrauchs, so wird sich wohl der Gesamtkraftverbrauch ebenso hoch stellen wie bei gleichen Vorrichtungen, bei denen eine Bremsung notwendig ist, z. B. beim Walzenapparat. Daß sich der Kraftverbrauch während der Vorschubperiode bei dieser Vorrichtung etwas günstiger gestalten kann, ist nicht ausgeschlossen. Jedenfalls wird aber zu bedenken sein, daß 3 Kurvenscheiben und auch sonst erheblich mehr bewegliche Teile vorhanden sind, die zu Reibungsverlusten Anlaß geben.

Zuletzt sei noch auf einen Umstand hingewiesen, der das Verwendungsgebiet dieser Zuführungsvorrichtung begrenzt, nämlich den, daß sie sich nur für begrenzte Breiten der Blechstreifen und nur verhältnismäßig kleine Vorschubgrößen vorteilhaft verwenden läßt. Für kleinere Blechbreiten und insbesondere kleine Vorschubgrößen wird meist nur einseitige Anordnung der Zuführungsvorrichtung ausgeführt. Hierbei kommt dann die Schubkurve zum Öffnen und Schließen der stationären Materialklemmen in Wegfall und an Stelle der Klemmen selbst tritt ein am Stößel angebrachter, federnder Niederhalter. In diesem Fall wird der Nachteil großer Kompliziertheit der Zuführungsvorrichtung erheblich vermindert.

Eine derartige, aber wesentlich ältere und schwerfälligere Ausführung stellt das erloschene D. R. P. 55 082 (Fig. 31) dar. Es handelt sich um eine Zuführungsvorrichtung an Pressen, bei welcher das Material von zwei Zangen bzw. Klemmen erfaßt wird, die zu beiden Seiten des Werkzeugs auf einem in Richtung des eingeführten Materials verschiebbaren Schlitten angeordnet sind. Die Zangen werden von Exzentern geöffnet, die zwischen den Zangenarmen angeordnet und mittels Hebelwerks von einer Schubkurve betätigt werden; das Schließen erfolgt durch Federdruck. Die Bewegung der Zangen selbst, d. h. der Vorschub, wird durch einen Sternradtrieb hervorgerufen. Die unterbrochene Bewegung wird mittels Zahnräder und eines als Kurbelschleife ausgebildeten 2teiligen Hebels auf den die Zangen tragenden Schlitten übertragen. Die Kurbelschleife hat den Zweck, die nur nach einer Richtung sich vollziehende Drehung des Sternrades in eine hin- und hergehende zu verwandeln. Die Anordnung des Sternradtriebes ist hierbei so zu treffen, daß während einer Umdrehung der Kurbelwelle das Sternrad zwei absatzweise Drehungen für Vorschub und Rückgang der Zangen vollzieht. Dies wird durch diametrale Anordnung von zwei in das Sternrad während einer Umdrehung der Kurbelwelle eingreifende Kurbelzapfen erreicht. Die Arbeit des Werkzeugs vollzieht sich während des Stillstandes des Sternrades, welcher eintritt, sobald der eine Zapfen den einen Schlitz verlassen hat und so lange dauert, bis der andere Zapfen in den nächsten Schlitz eingreift. Während dieser Zeit ($\frac{1}{4}$ Drehung der Kurbelwelle) ist das Triebwerk in bekannter Weise (s. automatische Zickzackpresse) verriegelt. Die Vorrichtung ist seitlich an eine 2armige Presse angebaut und erfordert sehr lange Zangen, da dieselben bis zum Werkzeug hereinreichen müssen. Die Beanspruchung ist sehr ungünstig, ebenso wie die Führung, und es können hierdurch leicht Störungen eintreten. Aber selbst wenn man hiervon und von der großen Massenanhäufung der vielen beweglichen, großer Abnutzung unterworfenen

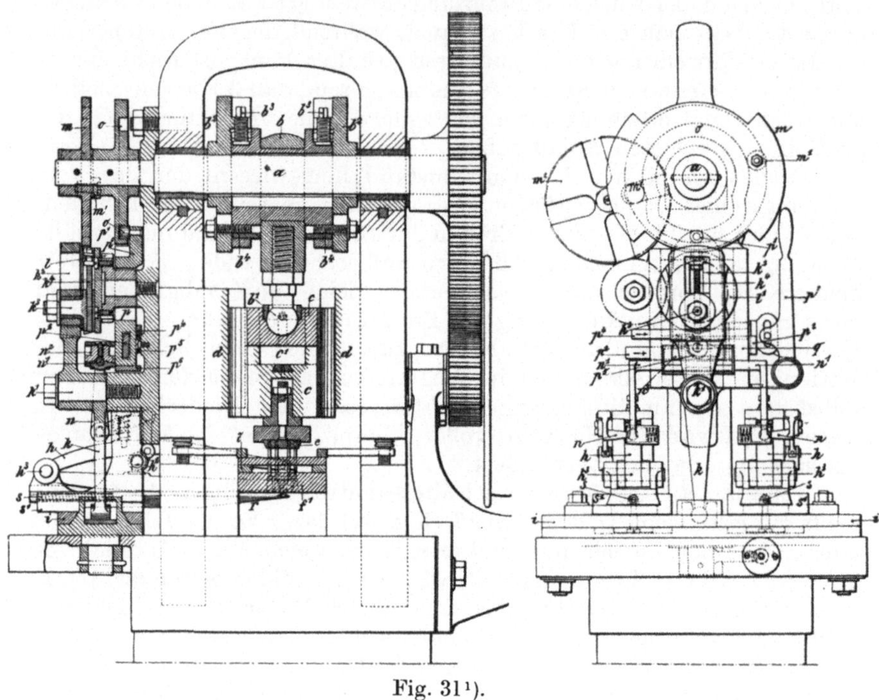

Fig. 31[1]).

Teile und anderen konstruktiven Nachteilen absehen würde, so zeigen sich doch noch gegenüber der vorher behandelten Vorrichtung prinzipielle Mängel. Diese Mängel läßt das nach der Patentschrift konstruierte Diagramm (Fig. 32) leicht erkennen; sie sind zum größten Teil auf die Bewegungsverhältnisse des angeordneten Sternradtriebes zurückzuführen.

Wenn man dieses Diagramm mit dem der vorhergehenden Vorrichtung vergleicht, so zeigt sich eine schlechte Ausnutzung des Kurbeldrehwinkels (90⁰) sowohl für den Vorschub, als für den Rückgang. Dies fällt umso schwerer ins Gewicht, als ziemlich große Massen zu bewegen sind. Hierdurch sind große Geschwindigkeiten und Beschleunigungen bzw. niedere Umlaufszahl und geringe Leistungsfähigkeit bedingt.

Die stationären Materialklemmen sind bei dieser Anordnung weggelassen. Wie aus dem Diagramm ersichtlich, halten die Zangen den

---

Streifen so lange fest, bis das Werkzeug gearbeitet hat. Um den Streifen in seiner Lage, insbesondere beim Rückgang der Zangen, d. h. in der Ausholperiode zu sichern, sind gefederte Druckplatten angebracht, welche den Streifen gegen die feste seitliche Führung des Werkzeuges pressen.

Die ganze Anordnung läßt eine höhere Genauigkeit, wie sie bei der vorhergehenden Materialzuführungsvorrichtung erreicht werden kann, sehr fraglich erscheinen.

Eine andere Materialzuführungsvorrichtung mit Greifer, deren Antrieb direkt vom Stößel aus erfolgt, ist in dem D.R.P. 193 563 (Fig. 33) dargestellt. Die Anordnung ist folgende: am Pressengestell ist ein

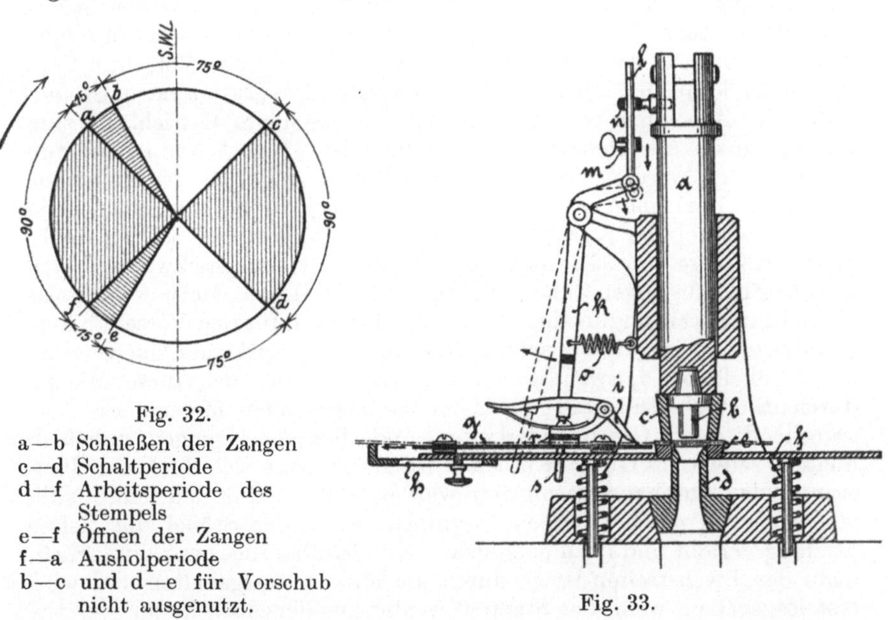

Fig. 32.

a—b Schließen der Zangen
c—d Schaltperiode
d—f Arbeitsperiode des
    Stempels
e—f Öffnen der Zangen
f—a Ausholperiode
b—c und d—e für Vorschub
    nicht ausgenutzt.

Fig. 33.

drehbarer Winkelhebel befestigt, an dessen einem Ende ein unter Federdruck stehender Greifer angeordnet ist, der den Materialstreifen gegen einen zwischen Rollen laufenden, beweglichen Schieber preßt. Der Schieber selbst ist in einem auf Federn ruhenden, nach unten beweglichen Tisch gelagert, der durch geeignete Anordnung des Werkzeugs beim Niedergang des Stößels nach unten gedrückt wird. Hierdurch wird der gelochte Materialstreifen über die Matrize gezogen, von dieser festgehalten und an der Mitnahme durch den zurückgehenden Schieber gehindert. Der Antrieb erfolgt in der Weise, daß der Stößel auf einen verstellbaren Anschlag des oberen Hebelarms des Winkelhebels stößt und dadurch den Schieber samt Greifer zurückzieht. Der Vorschub selbst wird durch Federwirkung unter Beeinflussung des aufwärts gehenden Stößels erreicht. Die Größe des Vorschubs wird durch Verstellen des erwähnten Anschlags am oberen Hebelarm des Winkelhebels geregelt.

Zur genauen Führung des Blechstreifens unter das Werkzeug ist konzentrisch zur Matrize auf dem beweglichen Tisch ein mit einem Durchgang versehener Führungsring angebracht.

Besieht man sich diese Materialzuführungsvorrichtung so muß zugegeben werden, daß der Zweck auf verhältnismäßig einfache Weise erreicht ist. Es hat jedoch diese Vorrichtung mancherlei Mängel, die eine richtige und gute Wirkungsweise nicht oder nur unter ganz besonderen Umständen möglich machen. Es ist ohne weiteres klar, daß der Vorschub eine Funktion des ganzen und des während der Arbeitsperiode ausgenutzten, prozentualen Stößelhubes ist. Der Rückgang der Zange endigt stets und der Vorschub soll beginnen, wenn der Stößel am tiefsten steht, d. h. der Stempel in die Matrize am weitesten eingedrungen ist. Die Ausnutzung des Stößelhubes für den Vorschub bzw. Rückgang kann nun aber nur bis zur Größe des prozentualen Stößelhubes der Arbeitsperiode erfolgen, da eine besondere Vorrichtung zum Festhalten des Streifens nicht vorhanden ist. Selbst wenn man nun annimmt, es werden 50 % des Stößelhubes für die Arbeitsperiode ausgenutzt, was schon sehr hoch ist, so ergibt sich hierbei eine Ausnutzung des Drehwinkels der Kurbelwelle sowohl für den Vorschub als den Rückgang der Zange von 90⁰. Daß hierbei hohe Vorschubgeschwindigkeiten und Beschleunigungen auftreten, liegt auf der Hand. Meist werden die Verhältnisse weit ungünstiger ausfallen; der dann für den Vorschub auszunutzende kleine Hub macht große, ungünstig wirkende Übersetzung am Winkelhebel notwendig. Aber selbst wenn auch diese Mängel durch die verhältnismäßig geringen zu bewegenden Massen, die entsprechend hohe Geschwindigkeiten und Beschleunigungen zuließen, nicht so schwer ins Gewicht fallen würden, so zeigt sich doch ein Übelstand, der durchaus vermieden werden sollte. Der Vorschub soll, wie wir oben gesehen haben, beginnen, wenn der Stößel die tiefste Stellung verläßt und nach oben geht. Nun ist aber dies ganz unmöglich, denn der Blechstreifen ist ja durch die Matrize festgehalten und wird erst losgegeben, wenn der Stempel wieder aus derselben herausgetreten ist, also am Ende der Arbeitsperiode. Die Folge hiervon ist, daß, nachdem die Arbeitsperiode vollendet, der längst losgegebene Hebel unter der Wirkung der Feder vorschnellt und dann erst unter dem Einfluß des rücklaufenden Stößels, sofern er noch in seinem Bereich ist, der Vorschub sich vollzieht. Daß hierbei unzulässige Geschwindigkeiten und Beschleunigungen auftreten und Stöße verursacht werden, ist klar. Stöße werden überhaupt immer auftreten am Anfang der Aushol- und am Ende der Schaltperiode, da der Stößel immer mit einer bestimmten kleineren oder größeren Geschwindigkeit, je nach der Vorschubgröße, auf dem einen Hebelarm des Winkelhebels auftrifft. Die Stöße können sich wegen des ungünstigen großen Übersetzungsverhältnisses sehr nachteilig am Greifer bemerkbar machen. Die Schaltkurve zeigt hier nicht den günstigen Verlauf wie sonst.

Zu diesen Übelständen kommen noch manche konstruktiver Art, insbesondere bei kleiner Arbeitsperiode. Bedenkt man außerdem noch die Möglichkeit, daß ein dünner Blechstreifen, der den unter Federdruck stehenden Hebel so lange gegen die Matrize abstützen muß, bis der Stempel dieselbe verlassen hat, sich leicht durchbiegen bzw. abknicken kann, so erkennt man, daß die Vorrichtung wenig oder nur unter bestimmten Umständen geeignet erscheint, mit anderen zu konkurrieren.

3. Materialzuführung mit schwingender Zange. Eine Vorrichtung älterer Ausführung stellt die erloschene Patentschrift 45 655 (Fig. 34) dar, bei welcher zum Vorschub des zu verarbeitenden Blechstreifens eine an einer Stange befestigte, in Richtung des vorzuschiebenden Materials schwingende Zange verwendet wird. Der drehbare Schenkel der Zange wird durch Nockenscheibe, Hebel und Zugstange entsprechend der Schwingungsrichtung bewegt, so daß die Zange geschlossen ist beim Hingang gegen das Werkzeug und geöffnet bei der entgegengesetzten Bewegung. Die schwingende Bewegung der Zange wird dadurch erreicht, daß die als 2-armiger Hebel ausgebildete Stange durch eine Exzenterscheibe um ihren Drehpunkt bewegt wird. Die am Ende der Stange befindliche, auf der Exzenterscheibe laufende Rolle wird durch eine Feder ständig gegen die letztere gepreßt. die Veränderung der Vorschubgröße erfolgt durch Änderung des Hebelarmes, d. h. des Abstandes des festen Drehpunktes der Stange von der Zange. Diese wird durch veränderliche Lagerung der Stange am Ständer der Presse erreicht. Um der Verwendung verschiedener Blechstärken Rechnung zu tragen, wurde einfach die Zugstange, welche zum Öffnen und Schließen der Zange dient, mit einer Schleife versehen. Damit Öffnen und Schließen der Zange zeitlich richtig mit dem Vorschub bzw. Rückgang derselben übereinstimmt, sind Nockenscheibe und Exzenter entsprechend gegeneinander zu versetzen. Um dem Blechstreifen in der Zange Führung zu geben, sind an den Klemmflächen der Zangenhälften Stifte angebracht.

Trotzdem die Geschwindigkeits- und Beschleunigungsverhältnisse der Zange nicht als ungünstig bezeichnet werden können, da die Ausnutzung eines Drehwinkels von 180⁰ möglich ist, so zeigen sich doch manche andere Mängel, die ein einwandfreies, genaues Arbeiten sehr in Frage ziehen. Vor allem muß darauf hingewiesen werden, daß die Ausbildung des die Stange samt Zange bewegenden Organs als Exzenterscheibe nur dann zuläsig ist, wenn eine besondere Vorrichtung zum Festhalten des Blechstreifens nach dem Vorschub, also während der Arbeitsperiode und des Rückgangs der Zangen vorhanden ist. Da eine solche aber in der Anordnung der Patentschrift nicht ersichtlich, so müßte eigentlich statt der Exzenterscheibe eine Schubkurve angebracht sein, die die Anpassung an die Bewegungsvorgänge möglich macht. Hierdurch würden aber auch zweifellos die Geschwindigkeits- und Beschleunigungsverhältnisse verschlechtert; es würden nämlich während des Rückgangs der Zangen viel größere Geschwindigkeiten und Beschleunigungen auftreten, als beim Vorschub, was wegen der beim Hin- und Rückgang fast gleichen zu bewegenden Masse nicht zulässig ist.

Auch könnte eventl. die Gefahr eintreten, daß die Rolle der Stange sich zeitweise von der Schubkurve abhebt, wodurch Stöße und andere

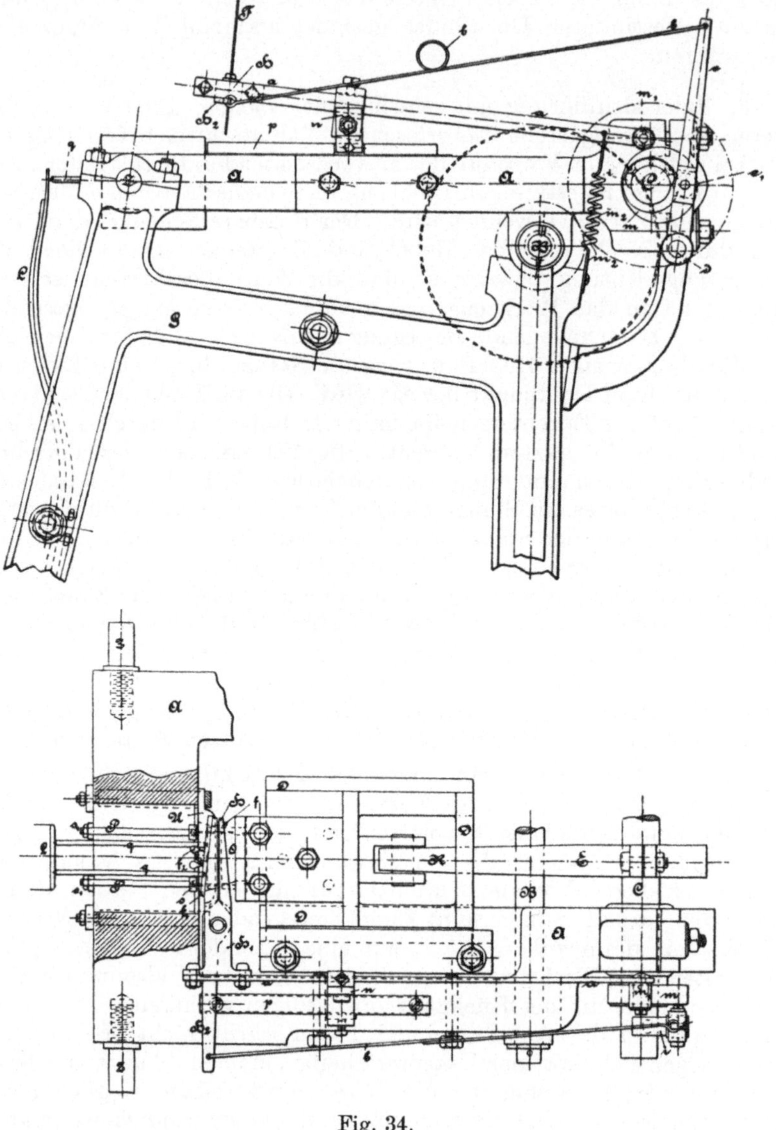

Fig. 34.

Unzuträglichkeiten hervorgerufen werden können. Die Gefahr des Abhebens der Rolle ist auch bei Anordnung eines Exzenters vorhanden und vergrößert sich mit wachsender Vorschubgeschwindigkeit und ungenügender Federspannung. Das Öffnen und Schließen der Zangen muß wegen der ständigen Bewegung in einem Augenblick, mindestens aber in sehr kurzer Zeit geschehen, wenn nicht Fehler in der Zuführung vorkommen sollen. Demzufolge treten aber sehr hohe Beschleunigungen und eventl. Schläge auf. Die Regulierung der Klemmstärke der Zange durch Schleife in der Zugstange muß als äußerst mangelhaft bezeichnet werden, und kann bei starken Blechen zu bleibenden nachteiligen Formänderungen führen. Die Möglichkeit bleibender Formänderungen wird noch dadurch erhöht, daß Zugstange und Zange ganz verschiedene Schwingungsmittelpunkte haben. Hieraus ergibt sich, daß jedesmal beim Vorschub durch diese Verschiedenheit starke Streckungen der Zugstange eintreten müssen. Die Druckbeanspruchung dieser schwachen Zugstange mit Schleife, die beim Öffnen der Zange auftritt, ist ebensowenig vorteilhaft. Zuletzt sei noch darauf hingewiesen, daß die Zuführung des Materials nicht geradlinig, sondern in einem Bogen erfolgt, dessen Radius sich mit kleiner werdendem Vorschub verkleinert. Selbst wenn man davon absieht, daß hierdurch ein Abheben des Streifens vom Werkzeug eintritt, wird diese Zuführungsvorrichtung wenig Anspruch auf Genauigkeit und Vollkommenheit machen dürfen.

4. Materialzuführungsvorrichtung mit schwingendem Greiferhebel.
Eine Materialzuführungsvorrichtung, die insbesondere zur Zuführung

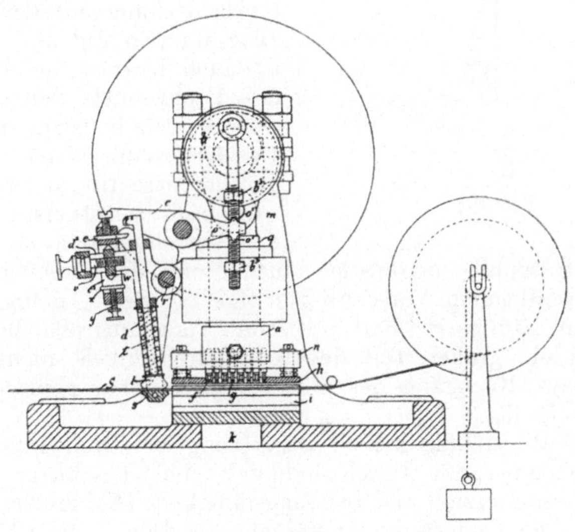

Fig. 35.

bei Pressen zum Ausstanzen bzw. Lochen von Klammerstreifen für die Kartonnagenfabrikation benutzt wird, zeigt die Patentschrift Nr. 81 486 (Fig. 35). Die Vorrichtung besteht darin, daß ein von der Kurbelwelle mittels Schubstange und Anschlägen in regelmäßiger Unterbrechung betätigter, am Gestell gelagerter zweiarmiger Hebel einen ungefähr mit senkrechter Achse ebenfalls am Gestell gelagerten Greiferhebel durch verstellbare Anschläge in hin- und hergehende Bewegung versetzt. Das Schließen des Greiferhebels erfolgt derart, daß ein im Greiferhebel selbst gelagerter Stempel mit Klaue durch Federdruck gegen ein Widerlager gepreßt wird. Das Öffnen erfolgt durch einen hakenförmigen Ansatz am Ende des Greiferstempels und einen damit in Berührung tretenden Daumen des Verbindungshebels. Beim Schwingen des Greifers in der Zuführungsrichtung sind die Klauen geschlossen und in entgegengesetzter Richtung geöffnet. Die Rückwärtsbewegung soll dann eintreten, wenn das Werkzeug sich in der tiefsten Lage befindet. Die durch das Material gedrungenen Stempel mit einer am Stanzstempel federnd gelagerten Platte halten den Streifen während des Rückgangs des Greiferhebels fest. Der fertigbearbeitete Streifen wird selbsttätig auf eine Rolle aufgewickelt, die durch ein Gewicht betätigt wird.

Wie sich die verschiedenen notwendigen Vorgänge auf eine Kurbeldrehung verteilen, zeigt das Diagramm in Fig. 36. Außerdem ist auch hieraus die Ausnutzung des Drehwinkels der Kurbel für den Vorschub leicht ersichtlich. Das Diagramm ist nach der Figur der Patentschrift konstruiert und wird sich selbstverständlich mit der Vorschubgröße ändern. Die

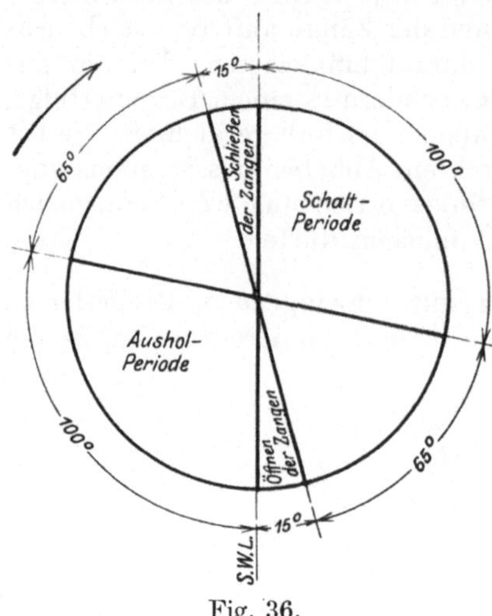

Fig. 36.

jetzt verhältnismäßig ungünstige Ausnutzung des Drehwinkels wird mit größer werdendem Vorschub günstiger werden. Immerhin dürfte sie bei dem häufigeren Fall mittlerer Vorschubgröße besser sein. Daß hierbei ein großer Teil des Kurbeldrehwinkels nicht für den Vorschub bzw. Rückgang des Hebelwerks nutzbar gemacht werden kann, ist nachteilig.

Die verhältnismäßig kleine Ausnutzung des Drehwinkels bedingt dementsprechend große Geschwindigkeit und Beschleunigung bzw. geringe Umdrehungszahl und Leistungsfähigkeit. Bei großer Geschwindigkeit ist ein Schleudern des Greiferhebels und der ganzen Vorrichtung überhaupt sehr leicht möglich, da es sich um kein zwangläufiges Getriebe handelt. Dieser Umstand macht unbedingt eine Bremsung nötig. Ein weiterer Nachteil sind auch die jeweils beim Schalten und Ausholen viermal während einer Kurbeldrehung auftretenden Stöße. Sie rühren davon her, daß die Anschläge der Schubstange des Kurbeltriebes und die des Zwischenhebels fast mit höchster Geschwindigkeit auf den Zwischenhebel bzw. den Greiferhebel auftreten. Der ganzen Vorschubbewegung liegt eine unvorteilhafte Schaltkurve zugrunde. Den Nachteil der Zuführung des Materials in einem Bogen teilt diese Vorrichtung mit der vorhergehenden, allerdings mit dem Unterschied, daß der Radius des Bogens stets konstant bleibt.

Was nun das Festhalten des Materials während des Rückgangs des Greiferhebels durch das Werkzeug bzw. die an demselben angebrachte gefederte Platte anbelangt, so ist zuzugeben, daß der Zweck auf einfache Weise erreicht ist. Die Platte kann zugleich auch als Abstreifer dienen und macht eine besondere Vorrichtung entbehrlich. Es darf aber nicht außer acht gelassen werden, daß die Vorrichtung in sehr enge Abhängigkeit vom Arbeitsprozeß der Presse gebracht wird. Gerade die Einfachheit ist es, welche die getroffene Anordnung des Schaltmechanismus, insbesondere die Anschläge notwendig macht, aus denen sich die obigen Nachteile ergeben. Die Einfachheit der Festhaltung ist also auf Kosten sonstiger, höher zu schätzender Vorteile erreicht. Die Platte muß den Streifen unbedingt so lange festhalten, bis die Ausholperiode beendigt, und die Klauen sich wieder geschlossen haben. Die Anschläge haben also nicht nur den Zweck, den Vorschub, sondern die Tätigkeit des Greifers überhaupt zu regeln, so daß sich die Einstellung bei Änderung der Teilung und des Vorschubs nicht so einfach gestaltet. Da hier der Streifen selbsttätig aufgewickelt werden soll, also ständig unter Zug steht, ist das Festhalten desselben ein unbedingtes Erfordernis und von großer Bedeutung für die Arbeitsgenauigkeit.

Die Abnutzung des Schaltmechanismus mit seinen vielen beweglichen Teilen wird, wie aus obigem erhellt, zweifellos eine ziemlich große sein, wodurch die ohnedies etwas zweifelhafte Genauigkeit des Vorschubs noch vermindert wird.

5. Materialzuführungsvorrichtung mit elastischem Vorschubarm. Wie die vorhergehende Materialzuführungsvorrichtung, so dient auch diese, durch das D.R.P. 89 097 dargestellte, zum Zuführen von zu lochenden Klammerbändern (Fig. 37). Hierbei wird ein am Gestell der Presse gelagerter Vorschubarm mittels Exzenter- oder Kurbelscheibe in Schwingungen versetzt. An den Vorschubarm ist eine Gabel angelenkt, welche die Schwingungen des ersteren mitmachen muß. Die gegenseitige Lage des Armes und der Gabel kann durch einen auch die Rückschwingung begrenzenden Schraubenbolzen geändert und festgelegt werden. Die Begrenzung der Vorwärtsschwingung erfolgt durch eine verstellbare Anschlagschraube. Auf diese tritt die Gabel gegen Ende des Vorschubs auf, wodurch sie so lange durchgebogen wird, bis die Druckwirkung des Kurbeltriebs auf den Vorschubarm aufhört. Die Einstellung der Stellschraube bzw. Durchbiegung der Gabel erfolgt derart, daß die letztere den durch Klemmung usw. hervorgerufenen größten Bewegungswiderständen entspricht. Die Rückschwingung des Vorschubarms samt Gabel wird durch eine angebrachte Zugfeder begünstigt. Wenn der Vorschubarm für bestimmten Hub und Widerstandsgröße eingestellt ist, so soll der Eintritt der in der Gabel gelagerten Vorschubbacken mit Zinken oder dgl. in das Arbeitsstück stets an derselben Stelle der Gleitbahn erfolgen. Hierdurch wird eine gleichmäßige Teilung der Stanzlöcher erwartet. Der Anbau der Zuführungsvorrichtung erfolgt am Auslauf des bearbeiteten Streifens, so daß Vorschubbacken bzw. deren Zinken in die Löcher der bearbeiteten Teils des Blechstreifens eingreifen und die Mitnahme bewirken.

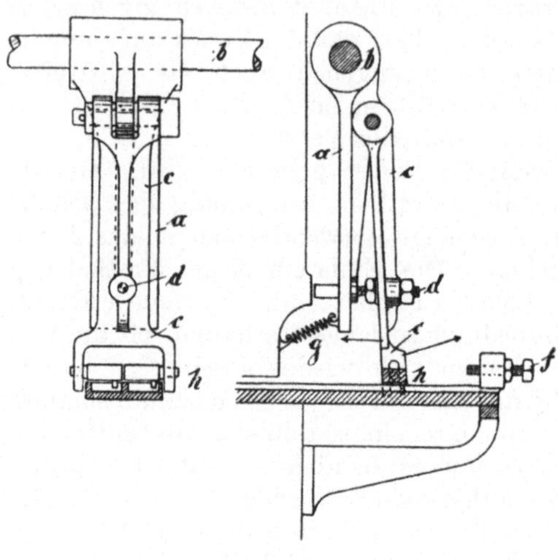

Da es sich hier um einen ganz speziellen Verwendungszweck handelt, der diese Ausführung zuläßt und den verhältnismäßig einfachen Aufbau ergibt, so hat sich auch die Beurteilung unter diesem Gesichtspunkt zu vollstrecken. Das Wesentliche dieser Vorrichtung besteht in der Anordnung eines elastischen Vorschubarms, dessen Durchbiegung den größten zu erwartenden Widerständen, hervorgerufen durch Klemmung des Bandes usw., beim Vorziehen entspricht. Dadurch soll ermöglicht werden, bei auftretendem Widerstand das Metallband genau einzustellen. Es soll auch durch diese Anordnung die Genauigkeit erhöht werden durch Begrenzung der Schwingungen nach vor- und rückwärts durch Anschläge.

Fig. 37.

Daß die beim Vorziehen des Metallbandes auftretenden Widerstände die Anordnung eines elastischen Vorschubarms notwendig machen, bzw. die Vorschubgenauigkeit bei Widerstand dadurch erhöht werden soll, ist nicht einzusehen, da doch der Widerstand des Bandes, wenn ein sicheres festes Eingreifen der Vorschubbacken gewährleistet ist, mit der Genauigkeit eigentlich nichts zu tun hat. Daß durch die Anordnung der Hubbegrenzung eine etwas größere Genauigkeit erreicht werden kann, ist nicht zu leugnen. Fehler, die sich durch das Übersetzungsverhältnis an den Vorschubbacken vergrößert zeigen, oder Abnutzungen des Kurbel- oder Exzentertriebs können sich nicht bemerkbar machen; jedoch ist dies unabhängig von den zu erwartenden Widerständen. Hier drängt sich gleich die Frage auf: wie groß sind die zu erwartenden Widerstände? Sind diese konstant? Daß Widerstände gerade bei dieser speziellen Bearbeitung des Blechbandes auftreten, ist zweifellos; doch glaube ich, daß die Größe derselben nicht konstant und schwer zu bestimmen ist. Die Einstellung der Durchbiegung des Vorschubarms ist also bis zu einem gewissen Grad willkürlich.

Tritt nun aber einmal ein größerer Widerstand auf als der, für den der Vorschubarm eingestellt ist, so ergeben sich hieraus zweifellos kleinere oder größere Fehler in der Zuführung, die hier besonders schwer empfunden werden, da es sich meist um sehr lange Bänder handelt. Nimmt man außerdem noch an, daß die Widerstände während des Vorschubes nicht konstant sind, was hier sehr gut möglich ist, so ergibt sich hieraus eine stoßweise, unvorteilhafte Beförderung des Materials.

Was die Durchbiegung des elastischen Vorschubarmes selbst betrifft, so werden sich hierbei am Ende des Vorschubs bei nicht geeigneter Durchbildung des Armes und der Vorschubbacken Relativbewegungen der Backen gegen den Tisch einstellen können. Diese können nachteilig auf die Vorschubgenauigkeit wirken, sofern nicht eine gute, sichere Arretierung des Bandes vorhanden ist. In derselben Weise kann die Durchbiegung des Armes beim Rücklauf und das hierbei auftretende Gleiten der Backen auf dem Blechstreifen die Vorschubgenauigkeit ungünstig beeinflussen. Durch die häufigen Durchbiegungen können sich leicht bleibende Formänderungen des Armes ausbilden, die Fehler in der Zuführung ergeben, wenn nicht zeitig eine Nachregulierung durch die Stellschraube eintritt. Das ständige Aufschlagen der Gabel gegen die Stellschraube mit einer bestimmten Geschwindigkeit wird zweifellos Abnutzung verursachen, die wiederum die Vorschubgenauigkeit beeinflußt. Die für die Vorschubbewegung sich ergebende Schaltkurve wird je nach den auftretenden Widerständen in ihrem Anfang oder Ende wegen der Durchbiegung der Gabel ungünstig ausfallen, so daß sanfter Anfang oder Schluß der Schaltperiode nicht mehr gewährleistet ist. Dies wird sich auch in der Geschwindigkeits- und Beschleunigungskurve bemerkbar machen und die sonst nicht schlechten Bewegungsverhältnisse ungünstig beeinflussen.

Bei einer ähnlichen Vorrichtung ist der elastische Vorschubarm ganz verlassen. Die angelenkte Gabel hebt sich hierbei beim Rückgang des Arms selbsttätig vom Material ab, wodurch manche nachteilige Folgeerscheinungen des elastischen Vorschubarms vermieden werden können.

6. Materialzuführungsvorrichtung mit durch Kurbeltrieb bewegtem, geteiltem Schlitten. Eine eigenartige Anordnung einer Materialzuführungsvorrichtung, die insbesondere zum Vorziehen und Abschneiden bzw. Stanzen von Draht- und Blechband dient, ist durch das D.R.P. 158 619 (Fig. 38) dargestellt. Die Presse ist hierbei in liegender Anordnung ausgeführt. Diese Vorrichtung ist eigentlich nichts weiter als das bei Dampfmaschinen angewandte Kurbelgetriebe (Geradschubkurbel), bei dem der Kreuzkopf, hier Schieber genannt, eine entsprechende Ausbildung erfahren hat. Die Ausbildung ist derart, daß Stößel, Werkzeug- und Greifervorrichtung im Schlitten vereinigt sind, und die Bewegung des Schlittens zum Vorschub benutzt wird. Das Vorziehen des Werkstücks erfolgt durch Klemmung des Materials zwischen die Messer bzw. zwischen Stempel und Matrize durch die Kraft, die unter

Vermittlung eines das Werkzeug bewegenden Winkelhebels den Schlitten
verschiebt, welcher Messer bzw. Stempel und Matrize aufnimmt. Am
Ende des Hubes trifft der Schlitten auf einen verstellbaren Anschlag,
wodurch er festgehalten wird. Der als Winkelhebel ausgebildete obere
Teil des Schlittens wird aber durch das Kurbelgetriebe weiter bewegt

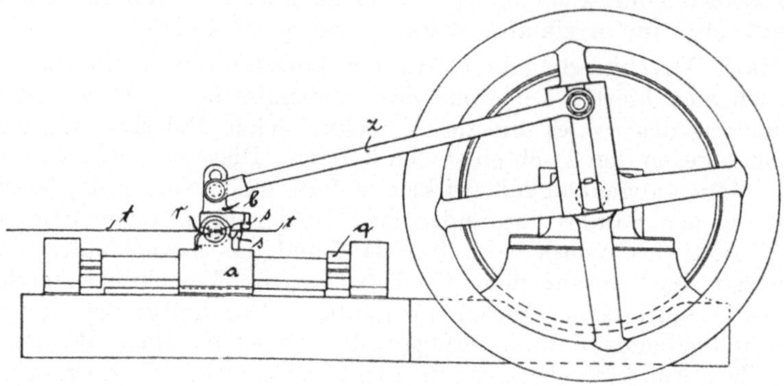

Fig. 38.

und hierbei der Arbeitsprozeß, also Stanzen und Abschneiden, vollzogen. Beim Stanzen ist außerdem noch die Anordnung getroffen,
daß eine am Stanzstempel befestigte Nase das Vorziehen des Bandes

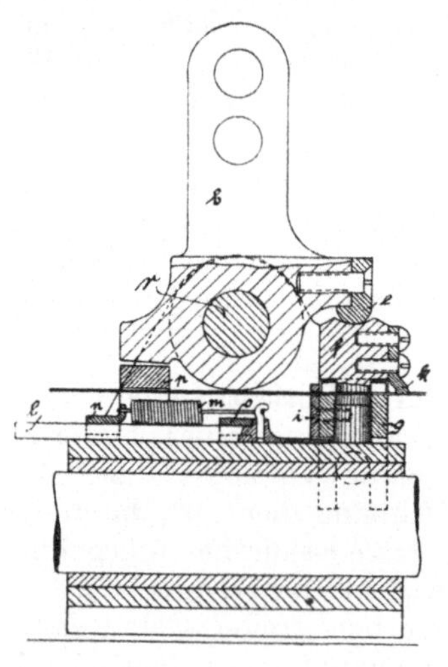

Fig. 38a.

sichert (Fig. 38a). Die Nase greift beim
Vorschub in das zuletzt gestanzte Loch
des Blechbandes ein. Bei geeigneter
Durchbildung des Schlittens gestattet
die Maschine, gleichzeitig nach beiden
Richtungen zu arbeiten; sie kann
außerdem als Zwillingsmaschine gebaut
werden. Zum Entfernen der gestanzten
Teile muß eine sicher wirkende Auswerfvorrichtung angebracht werden.
Diese ist hier so angeordnet, daß ein
federnd gelagerter, wagrechter Stift
unter die Matrize greift und jeweils am
Ende an einen Anschlag stößt und
die einen Werkstücke wegschiebt,
damit die anderen in der Matrize
nachsinken können. Auch eine geeignete Sicherung des Drahtes bzw. Blechstreifens beim Rückgang des Schiebers
ist ein unbedingtes Erfordernis.

Der hier angewandte Kurbeltrieb ergibt eine Ausnutzung des Drehwinkels für die Vorschub- und Ausholperiode von etwas weniger als
180°. Diese Ausnutzung des Drehwinkels kann als verhältnismäßig

günstig bezeichnet werden. Die gleiche Größe der Drehwinkel für Vor-
und Rückgang rechtfertigt sich durch die hierbei gleichen zu bewegenden
Massen.

Durch die Vereinigung der den Vorschub und den Arbeitsprozeß
verrichtenden Organe und die Verwendung nur eines Kurbeltriebes
ist zweifellos manche konstruktive Vereinfachung des gesamten Aufbaus
der Presse und der Vorrichtung möglich. Es ergeben sich aber auch durch
die enge Vereinigung von Arbeits- und Vorschubperiode mancherlei
Nachteile. Vor allem muß erwähnt werden, daß die Schaltkurve am
Anfang und Ende keinen günstigen Verlauf zeigen wird, da erst weit
nach bzw. vor der Totlage der Vorschub beginnt bzw. aufhört. Hierdurch
werden am Anfang und Ende der Schaltperiode Stöße auftreten. Dieser
Einfluß wird sich auch in den Geschwindigkeits- und Beschleunigungs-
verhältnissen ungünstig bemerkbar machen und die Ruhe des Ganges
und Genauigkeit des Vorschubs verschlechtern. Weiter ist der Hub
des Schlittens, d. h. der Kurbelradius in der Hauptsache mit Rücksicht
auf den gewünschten Vorschub bedingt. Da nun für großen Vorschub
verhältnismäßig große Kurbelradien sich ergeben, so wächst hierdurch
das während der Arbeitsperiode erforderliche Drehmoment der Kurbelwelle, was einer erhöhten Beanspruchung der Kurbelwelle und des
Kurbelzapfens gleichkommt. Die im Kurbelzapfen erhöhte spezifische
Pressung ergibt aber auch erhöhte Abnutzung, die zu Ungenauigkeiten
Anlaß geben kann. Auch die Beanspruchung des Schiebers ist ungünstig.
Durch den bei dieser Vorrichtung bedingten, ungünstigen Angriff der
Schubstange am Schieber wird nämlich ein großes Kippmoment auf
denselben hervorgerufen, das sich während des Arbeitsprozesses bedeutend vergrößert. Dieses Kippmoment ergibt eine verhältnismäßig
hohe Abnutzung des Schiebers an seinen beiden Enden, die zur Folge
hat, daß er mit der Zeit je nach dem Material eine mehr oder weniger
wiegenförmige Gestalt annehmen und der Vorschub ungenau werden
kann.

Der Umstand, daß die Schub- bzw. Zugstange während des Arbeitsprozesses ziemlich bedeutende Kräfte zu übertragen hat, macht eine
starke Durchbildung derselben notwendig und ergibt eine Massenanhäufung im Vorschubmechanismus, die die Umdrehungszahl und
Leistungsfähigkeit beeinflußt. Dasselbe gilt von dem Werkzeug, das
ständig hin- und herbewegt werden muß. Daß die Anschläge, auf die
der Schlitten aufstößt, wenn die Arbeitsperiode eingeleitet wird, sicher
befestigt sein müssen, ist eine selbstverständliche Forderung. Diese
Forderung ist aber bei hohen notwendigen Schneid- bzw. Stanzkräften
und wenn man die Massenkräfte berücksichtigt, nicht sehr leicht zu
erfüllen. Auch die Einstellung des Werkzeugs ist von Einfluß auf die
Vorschubgenauigkeit, da das Werkzeug selbst sozusagen als Mitnehmer
des Arbeitsstücks dient.

Daß die Ausstoßvorrichtung bei dieser Anordnung sicher wirken
muß, ergibt sich daraus, daß, wenn dies nicht der Fall ist, Brüche am
Schieber usw. unvermeidlich sind. Ist nämlich die Matrize mit Arbeits-

stücken gefüllt, so tritt ein Aufsitzen des Stempels ein, der den Schieber zu sprengen sucht. Wird die Maschine nur zum Abschneiden verwendet, so ist natürlich diese Forderung hinfällig.

Ferner ist auf eine Bedingung hinzuweisen, unter der nur eine richtige Wirkungsweise der Maschine gesichert ist, nämlich die, daß der Widerstand des Schlittens während des Vorschubs nie größer sein darf als die zum Stanzen bzw. Schneiden notwendige, an der Schubstange wirkende Kraft. Ist diese Bedingung nicht erfüllt, so wird der Arbeitsprozeß vorzeitig eingeleitet. Dies würde aber beim Abschneiden von Draht bzw. Blechstreifen zur Folge haben, daß der Vorschub unterbrochen wird und fehlerhafte Arbeitsstücke zustande kämen. Beim Stanzen hätte es weniger zu sagen, da ja eine Mitnahme des Streifens durch das Werkzeug auch weiterhin insofern erfolgen würde, als eine völlige Trennung des Streifens hier nicht eintritt. Die Erfüllung dieser Forderung kann einige Schwierigkeiten bereiten, insbesondere bei dünnen Blechen, bei denen verhältnismäßig kleine Arbeitskräfte notwendig sind.

Inwieweit ein Arbeiten nach beiden Richtungen zweckmäßig ist, wird sich jeweils nach dem Arbeitsprozeß richten und darnach, ob eine gute konstruktive Durchbildung des Schlittens gewährleistet ist. Jedenfalls muß hierbei berücksichtigt werden, daß durch die Zug- bzw. Knickungsbeanspruchung der Schubstange diese eine starke Ausbildung erfahren muß, was eine weitere Massenanhäufung bedingt.

Der Hauptnachteil der Vorrichtung kann wohl darin gesehen werden, daß die Vorschubgrößen nicht unabhängig von der Blechstärke sind. Es ergeben sich nämlich für stärkere Bleche größere Vorschübe als bei schwächeren, bei einem bestimmten Kurbelradius.

In einem beschränkten Verwendungsgebiet wird die Anwendung dieser einfachen Vorrichtung mit manchem Vorteil erfolgen können, insbesondere wo es sich darum handelt, Draht und Blechstreifen gleicher Stärke auf gleiche Länge abzuschneiden.

7. Materialzuführungsvorrichtung mit Riemenscheibe und endlosem Riemen. Die in Fig. 39 wiedergegebene Ausführung einer Vorrichtung dient zur Zuführung von dünnen Stahl- oder anderen Blechbändern, die durch die Presse abgeschnitten und auch zugleich gelocht werden sollen. Die Stahlbandrollen, die paarweise verarbeitet werden können, werden auf die neben der Presse stehenden Haspel gesteckt und zwischen die Riemenscheibe und den endlosen Riemen geführt. Die Betätigung der Riemenscheibe und des durch Spannrollen angepreßten Riemens erfolgt durch gleichen Kurbeltrieb, wie bei dem früher behandelten Walzenapparat. Diese Materialzuführungsvorrichtung stellt im wesentlichen auch nichts anderes dar als einen Walzenapparat, nur daß wegen des hierbei notwendigen großen Vorschubs an Stelle der Walzen die Riemenscheibe mit endlosem Riemen tritt, und das Schaltrad aus demselben Grunde entsprechend größer gestaltet ist.

Gegen den Walzenvorschub besitzt diese Zuführung zweifellos den Vorteil einer sichereren Mitnahme des Materials, weil eine größere Berührungsfläche der bewegenden Organe mit dem Material geschaffen ist. Im übrigen teilt aber diese Ausführung die Vor- und Nachteile des Walzenapparates, so daß auf das hierüber Gesagte verwiesen werden kann. Einen besonderen Nachteil, der sich aber in den dem Verwendungs-

Fig. 39.
Exzenterpresse mit Materialzuführung durch Riemenscheibe und endlosen Riemen.
(L. Schuler.)

zweck gesetzten Grenzen bewegt, hat diese Vorrichtung besonders noch, nämlich den, daß die Fehlergrenze des Vorschubs sich bedeutend größer ergibt (bis 1½ mm) als bei den sonstigen Ausführungen des Walzenapparates. Dies rührt von dem hier notwendigen großen Vorschub, insbesondere aber daher, daß zwischen Riemen und Riemenscheibe bzw. Material Relativbewegungen auftreten können, die beim Walzenapparat durch zwangläufige Verbindung der Oberwalzen mit den Unterwalzen nicht möglich sind. Hierbei ist zu beachten, daß der Reibungswiderstand zwischen Riemenscheibe und Material kleiner ist als der zwischen Riemen und Material, so daß letzteres dem Riemen folgen wird. Diese Ungenauigkeit hat aber auch ihren Grund in der bei dieser Anordnung besonderen Neigung zum Schleudern, die durch die hohe Vorschubgeschwindigkeit und die auftretenden hohen Massenkräfte gegeben ist. Immerhin muß gesagt werden, daß überall da, wo die gesteckte Fehlergrenze die Verwendung dieser Vorrichtung zuläßt, sie für dünne Blechbänder mit großem Vorteil erfolgen kann und eine große Leistungsfähigkeit der Presse gewährleistet.

III. Vorrichtungen zur Zuführung von vorgearbeiteten Blechformen.

1. Materialzuführung durch Revolverapparat. a) Revolverapparat mit Schubkurventrieb (Kurbeltrieb). Die Massenanfertigung der meisten gestanzten und gezogenen Teile hat das Bedürfnis nach einer sehr leistungsfähigen Materialzuführungsvorrichtung hervorgerufen, durch welche die vorgestanzten oder vorgezogenen Teile unter das Werkzeug gebracht werden. Eine solche Vorrichtung, und zwar die meist gebräuchliche, ist der Revolverapparat, wie er in den Figuren 40—43 dargestellt ist. Die Vorrichtung besteht in der Hauptsache in einem um eine senkrechte oder wagerechte Achse drehbaren Teller mit acht und mehr Bohrungen. Je nach der Form der Arbeitsstücke werden in die Bohrungen entsprechend geformte Ringe eingelegt, welche die Arbeitsstücke aufnehmen. Für unförmige Arbeitsstücke werden statt der Bohrungen am Umfang des Tellers Klammern angebracht. Die Drehung des Tellers um seine Achse wird dadurch erreicht, daß eine, meist auf einem Schlitten sitzende, bewegliche Klinke in den geteilten Umfang des Tellers eingreift. Die Klinke wird von einem mit Kurvenscheibe oder Exzenter zwangläufig verbundenen Hebel bewegt. Der Antrieb durch Exzenter (Fig. 42) macht die Zwischenschaltung eines Winkelhebels notwendig. Da die Pressen mit Revolverapparat infolge der meist nicht allzugroßen notwendigen Ziehkräfte zum größten Teil als einarmige Ziehpressen gebaut werden, so kann der Einbau der Kurvenscheibe auf die Kurbelwelle zwischen die beiden Hauptlager erfolgen. Die Exzenterscheibe hingegen wird auf der verlängerten Kurbelwelle oder einer Zwischenwelle befestigt, sowohl bei einarmigen als bei zweiarmigen Pressen. Das Ein- und Ausschalten des Revolverapparates erfolgt durch gleichzeitiges Ein- und Ausschalten der Presse mittels Sicherheitskupplung. Der Apparat ist häufig mit Sicherheitsvorrichtungen versehen, durch welche die Betriebssicherheit erhöht werden soll. Ein solche Vorrichtung, die eine wichtige Ergänzung des Vorschubapparats bildet, ist aus den Fig. 40 und 43 ersichtlich. Das seitliche sichtbare Gestänge (Fig. 40a) wird von einer auf der Kurbelwelle sitzenden Kurve so betätigt, daß jeweils nach der Schaltung ein Stift in die im Teller angebrachten Bohrungen eingreift. Wird nun infolge Reißens eines Teiles oder sonstiger Störung im Revolverteller der zum Vorschub erforderliche Druck zu groß, so knickt der zweiteilige Schalthebel (Fig. 40) durch. Der Stift kommt dann nicht in eine Bohrung des Tellers, sondern stößt auf denselben auf, wodurch dann ein am Ende des Gestänges befindlicher

Fig. 40. Revolverpresse mit Schubkurventrieb (Tellerachse senkrecht).
(L. Schuler.)

Ausrückdaumen (s. Fig. 40a) nicht genügend ausschlagen kann, und die Presse zum Stillstand bringt. Auf diese Weise wird die Betriebssicherheit der Vorrichtung bedeutend erhöht. Ein Verbiegen des Schalthebels und der Schubstange oder ein Auftreffen des Stempels auf den Revolverteller kann damit nicht eintreten.

Um ein Überschalten des Revolvertellers zu vermeiden, wird dieser durch eine Feder gegen den Tisch gepreßt, also gebremst. Außerdem ist aber auch eine Sicherung hierfür angebracht in Form einer zweiten,

festen Klinke, die am Ende der Schaltperiode in den Umfang des Revolvertellers einfällt. Die Revolverpressen werden häufig nicht nur mit
einem, sondern mit mehreren Werkzeugen ausgerüstet (s. Fig.43), so
daß drei und mehr verschiedene Operationen möglich sind, ohne daß

Fig. 40a.   Revolverpresse mit Schubkurventrieb (Tellerachse senkrecht).
(L. Schuler.)

ein Zwischenhantieren notwendig wird. Zu diesem Zweck ist dann eine
selbsttätige, positive Auswerfvorrichtung für drei Werkzeuge vorzusehen,
wie sie auch die Figur erkennen läßt.

Um ein Auswechseln des Revolvertellers gegen einen andern mit
kleinerer oder größerer Lochteilung möglich zu machen, hat man auch
den Drehpunkt des Schalthebels verstellbar angeordnet. Hierdurch kann

das Verhältnis der Hebelarme und der Vorschub entsprechend der
Lochteilung des ausgewechselten Tellers geändert werden.

Bei zweiarmigen Ziehpressen, welche für größere Ziehkräfte verwendet werden, erfolgt der Einbau und Antrieb des Revolverapparates in ähnlicher Weise
unter Anpassung an die konstruktive Ausführung der Presse
selbst.

<table>
<tr><td>Fig. 41. Revolverpresse mit
Schubkurventrieb (Tellerachse wagrecht).
(L. Schuler.)</td><td>Fig. 42.
Revolverpresse mit Kurbeltrieb.
(E. Kircheis.)</td></tr>
</table>

Untersuchung der Bewegungsgesetze des Schubkurventriebes. Hinsichtlich der Berechnung der Schaltwege beim Antrieb
durch Kurbeltrieb und der Geschwindigkeits- und Beschleunigungsverhältnisse sei auf den entsprechenden Abschnitt vom Walzenapparat
(Seite 28 ff.) verwiesen. Das dort Gesagte kann, sinngemäß übertragen,
auch hier angewandt werden, und es können mit dem im nachstehenden
Entwickelten die Bewegungsverhältnisse leicht überblickt werden. Für
den mit Schubkurven angetriebenen Revolverapparat sollen im nach-

Gugel.

stehenden die Bewegungsgesetze untersucht werden. welche die Grundlage der Beurteilung und Konstruktion bilden.

Fig. 43. Mehrfachziehpresse mit Revolverapparat. (L. Schuler.)

In Praxis findet man meist zweierlei Anordnungen von Schubkurven, und zwar:
  1. Ebene Schubkurve (Kurvenprofil ist ein ebenes Gebilde).
  2. Räumliche Schubkurve (Kurvenprofil ist ein räumliches Ge-
     bilde).
Die beiden Anordnungen sind in den Figuren 44 und 45 schematisch
dargestellt. Die Anwendung der einen oder anderen Anordnung ergibt

sich aus dem konstruktiven Aufbau der Presse. So wird meist bei Pressen, bei denen die Kurbelwellenachse senkrecht zur Bewegungsrichtung der Schaltklinke ist, die Anordnung 1 angewendet, während bei paralleler Bewegungsrichtung der Klinke mit der Kurbelwellenachse sich meist die Anordnung 2 ergibt.

Die Wahl der einen oder anderen Anordnung geschieht selbstverständlich im Hinblick darauf, einen möglichst einfachen Bewegungsmechanismus zu erhalten

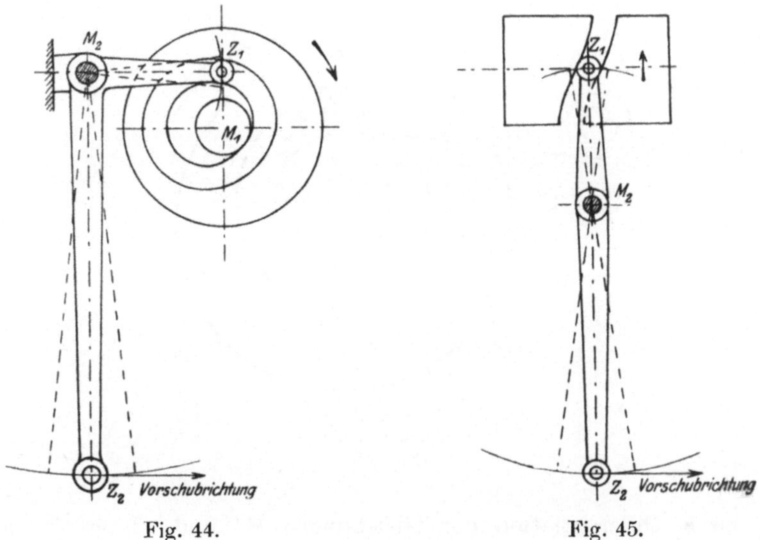

Fig. 44.   Fig. 45.

In dem in Fig. 44 gezeichneten Antriebsschema bewegt sich der Punkt Z_1 in der Schubkurve um den Punkt M_2; hierdurch wird auch Punkt Z_2 um M_2 bewegt, so daß Klinke und Revolverteller betätigt werden.

Die Geschwindigkeitsverhältnisse. Die Untersuchung der Bewegungsgesetze, d. h. der mathematischen Beziehungen zwischen den an der Schubkurve und Revolverteller auftretenden Bewegungsgrößen, bildet eine wesentliche Grundlage für die nachfolgende Beurteilung der Vorrichtung. Hierbei dürfte hauptsächlich die Abhängigbeit des Weges der Revolverscheibe vom Hub der Schubkurve, die gegenseitige Abhängigkeit der Winkelgeschwindigkeiten und der Einfluß des Profils der Schubkurve von Interesse sein.

Der Punkt Z_1 sei am Anfang der Vorschubperiode in K_1, am Ende derselben in K_2. Ist ferner für eine beliebige Lage x der Abstand der Rollenmitte Z_1 vom Fußpunkt F des Lotes von M_2 auf die vertikale Mittellinie durch M_1, dann ist der zurückgelegte Weg der Rollenmitte Z_1 (s. Fig. 46):

$$s = x + e, \text{ wobei } e = K_1 F \quad \ldots \ldots \ldots \ldots (1)$$

Bedeutet r_1 den kleinsten, r_2 den größten Radius der Schubkurve, r_3 den Halbmesser der Rolle, so ist, wenn m der senkrechte Abstand des Drehpunktes von der durch M_1 mit M_2 F gezogenen parallelen Mittellinie ist:

$$e = m - r_1 - r_3.$$

Nun ist, wenn Winkel $F M_2 Z_1 = \gamma$:

$$x = a \cdot \sin \gamma \quad \ldots \ldots \ldots \ldots \quad (2)$$

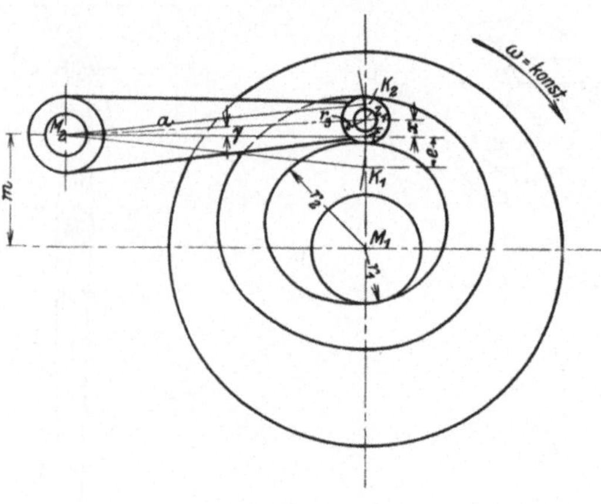

Fig. 46.

Durch Differentiation der Gleichungen (1) und (2) erhält man

$$ds = dx$$

und:

$$dx = a \cdot \cos \gamma \cdot d\gamma,$$

womit:

$$ds = a \cdot \cos \gamma \cdot d\gamma.$$

Durch Division mit dt erhält man endlich:

$$\frac{d\gamma}{dt} = \frac{ds}{dt} \cdot \frac{1}{a \cdot \cos \gamma} = \omega_2 \quad \ldots \ldots \quad (3)$$

Die Gleichung (3) zeigt die Abhängigkeit der Winkelgeschwindigkeit ω_2 des oberen Hebelarms $M_2 Z_1$ von der linearen Geschwindigkeit $\frac{ds}{dt}$ der Schubkurvenprofilpunkte in Richtung der senkrechten Achse, resp. von der Steigung des Schubkurvenprofils. Der Wert $a \cdot \cos \gamma$, der den wirksamen Hebelarm des oberen Hebels darstellt, ergibt sich jeweils als Lot von Z_1 auf M_2 F. Hierdurch ist das Verhältnis der Geschwindigkeiten ohne weiteres gegeben. Für den unteren Hebelarm $M_2 Z_2$ des Winkelhebels gilt wegen der zwangläufigen Verbindung ebenfalls die Gleichung (3).

Ist nun der Weg des Punktes Z_2 in Richtung der Führung der Schaltklinke s_1, so ist (Fig. 47):

$$s_1 = \frac{b}{a} \cdot s = x_1 + e_1 \quad \ldots \quad \ldots \quad (4)$$

wobei:

$$c_1 = \frac{b}{a} \cdot e.$$

Bezeichnet noch r_4 den Radius der Revolverscheibe, an dem die Schaltklinke angreift, so ist nach Fig. 47, wenn man annimmt, daß die Klinke

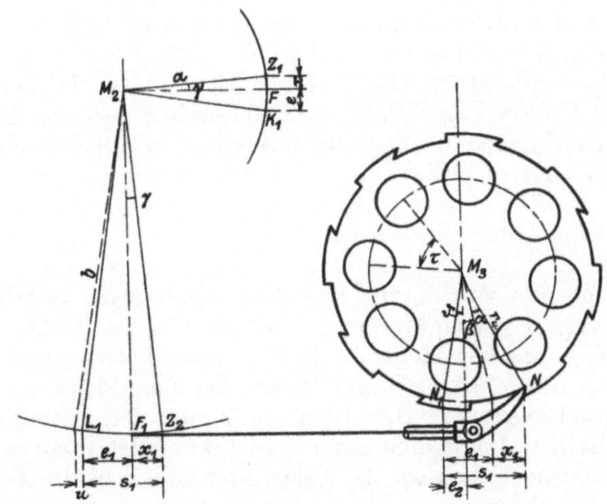

Fig. 47.

beim Anfang der Schaltperiode im Punkt N der Revolverscheibe steht, entsprechend dem Punkte L_1:

$$x_1 = r_4 \cdot \sin(\alpha + \beta) - r_4 \cdot \sin\beta \quad \ldots \quad \ldots \quad (5)$$

wo $\quad r_4 \cdot \sin\beta = e_1 - r_4 \cdot \sin\vartheta = e_1 - e_2 = \text{const.}$

Durch Differentiation der Gleichungen (4) und (5) erhält man, da e_1 und β konstant ist:

$$ds_1 = \frac{b}{a} \cdot ds = dx_1$$

und $\quad\quad dx_1 = r_4 \cdot \cos(\alpha + \beta) \cdot d\alpha,$

somit:

$$\frac{b}{a} \cdot ds = r_4 \cdot \cos(\alpha + \beta) \cdot d\alpha,$$

und wenn man noch das Übersetzungsverhältnis $\frac{b}{a} = \lambda$ setzt und mit dt durchdividiert:

$$\frac{d\alpha}{dt} = \omega_3 = \frac{ds}{dt} \cdot \lambda \cdot \frac{1}{r_4 \cdot \cos(\alpha + \beta)} \quad . \quad . \quad . \quad (6)$$

Gleichung (6) zeigt die Abhängigkeit der Winkelgeschwindigkeit ω_3 der Revolverscheibe von der linearen Geschwindigkeit $\dfrac{ds}{dt}$ der Schubkurvenprofilpunkte in Richtung der Drehachse, resp. von der Steigung des Schubkurvenprofils. Der Nennerwert des Bruches stellt die jeweilige Projektion des Halbmessers nach der augenblicklichen Lage des Angriffspunktes der Schaltklinke am Revolverteller dar.

Von besonderem Interesse ist die Abhängigkeit der Winkelgeschwindigkeit des oberen und unteren Hebelarms und des Revolvertellers von der Winkelgeschwindigkeit der Schubkurve, da diese auf die Form des Profils der Schubkurve von Einfluß ist. Da Schubkurven nur spezielle Formen von Wälzhebeln darstellen, wie sie bei Dampfmaschinensteuerungen etc. angewendet werden, so läßt sich anschließend an die Ausführungen von Essich [1] „Über Steuerungsgetriebe mit Wälzhebeln" das Profil der Schubkurve ohne weiteres konstruieren, wenn die gegenseitige Abhängigkeit der oben genannten Geschwindigkeiten gefunden ist.

Wir gehen aus von der in Fig. 48 gezeichneten, beliebigen Lage der Schubkurve. Es seien hierbei die Winkel, die die Berührungsradien $M_1 B$ und $M_2 B$ mit der Zentrale $M_1 M_2$ einschließen, gleich φ und ψ. Dreht sich nun die Schubkurve um M_1 um den unendlich kleinen Winkel $d\varphi$, so wird sich der obere Hebelarm um M_2 um den unendlich kleinen Winkel $d\psi$ drehen. Der gemeinsame Punkt B von Schubkurve und Rolle wandert hierbei nach B_1 resp. B_2. Man legt nun in B die Berührungstangente an Schubkurve und Rolle, die Winkel zwischen der Tangente und den Berührungsradien seien δ und ε. Errichtet man in B zu der Berührungstangente das Lot B C, so ist in dem Dreieck B B_1 B_2, wenn r_1 und r_2 die Abstände des Berührungspunktes von den Mittelpunkten M_1 und M_2:

$$B B_1 = ds_1 = r_1 \cdot d\psi; \quad B B_2 = ds_2 = r_2 \cdot d\varphi;$$

hiermit wird, da Winkel B_1 B C $= \delta$ und Winkel B_2 B C $= \varepsilon$ ist:

$$B C = ds_1 \cdot \cos\delta = r_1 \cdot d\psi \cdot \cos\delta$$

und

$$B C = ds_2 \cdot \cos\varepsilon = r_2 \cdot d\varphi \cdot \cos\varepsilon;$$

hieraus folgt:

$$r_1 \cdot d\psi \cdot \cos\delta = r_2 \cdot d\varphi \cdot \cos\varepsilon$$

oder

$$d\varphi = d\psi \cdot \frac{r_1 \cdot \cos\delta}{r_2 \cdot \cos\varepsilon},$$

woraus nach Division mit dt:

$$\frac{d\varphi}{dt} : \frac{d\psi}{dt} = \frac{\omega_2}{\omega_1} = \frac{r_1 \cdot \cos\delta}{r_2 \cdot \cos\varepsilon} \quad . \quad . \quad . \quad . \quad (7)$$

---

[1] Essich, „Über Steuerungsgetriebe mit Wälzhebeln". Dr.-Diss. 1909.

Diese Gleichung zeigt die Abhängigkeit der Winkelgeschwindigkeit ω_2 des oberen Hebelarms des Winkelhebels von der konstanten Winkelgeschwindigkeit ω_1 der Schubkurve. Es verhalten sich demnach diese

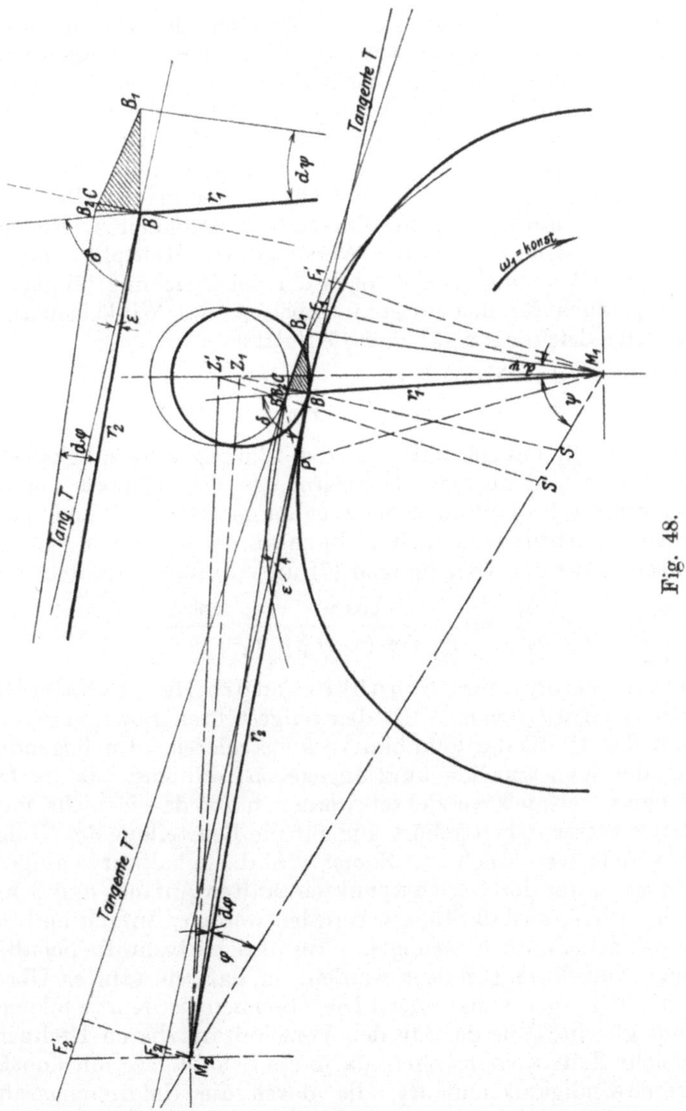

Winkelgeschwindigkeiten umgekehrt wie die Projektionen der zugehörigen Verbindungslinien der jeweiligen Berührungspunkte mit den Mittelpunkten M_1 und M_2 auf die im Berührungspunkt B an das Profil der Schubkurve und der Rolle gelegte gemeinsame Tangente, oder, wenn man in B zu der Tangente das Lot B S errichtet, das zugleich durch Z_1 geht, umgekehrt wie die Teilstrecken von $M_2 M_1$, also:

$$\omega_2 : \omega_1 = S\,M_1 : S\,M_2.$$

Hieraus ergibt sich folgende Konstruktion des Profilpunktes B: man teilt $M_2 M_1$ im umgekehrten Verhältnis der Winkelgeschwindigkeiten ω_2 und ω_1 in Punkt S und zieht S Z_1, welches den Rollenumfang in Punkt B schneidet. B ist dann ein gesuchter Profilpunkt. Dies läßt sich für andere Stellungen der Rolle wiederholen, und es kann so das Profil konstruiert werden, wenn ω_2 und ω_1 bekannt sind.

Da ω_1 konstant ist, so erhält man für $\omega_1 = 1$ aus der Gleichung (7) für jede Stellung unmittelbar die Winkelgeschwindigkeit ω_2. Für irgendein anderes gegebenes ω_1 wird der Wert ω_2 durch Multiplikation mit ω_1 erhalten. Die Gleichung (7) gilt, nach der bei Gleichung (3) gegebenen Begründung, auch für den unteren Hebelarm des Winkelhebels.

Aus den Gleichungen (3) und (6) folgt:

$$\frac{d\alpha}{dt} : \frac{d\gamma}{dt} = \frac{\omega_3}{\omega_2} = \frac{b \cdot \cos \gamma}{r_4 \cdot \cos (\alpha + \beta)} \qquad \ldots \quad (8)$$

Gleichung (8) besagt, daß sich die Winkelgeschwindigkeiten von Revolverscheibe und unterem Hebelarm des Winkelhebels umgekehrt verhalten wie die Projektionen der zugehörigen Radien b und r_4 auf die zur Bewegungsrichtung der Schaltklinke durch M_2 und M_3 gezogenen Senkrechten. Aus den Gleichungen (7) und (8) kann erhalten werden:

$$\frac{\omega_3}{\omega_1} = \frac{b \cdot \cos \gamma}{r_4 \cdot \cos (\alpha + \beta)} \cdot \frac{r_1 \cdot \cos \delta}{r_2 \cdot \cos \varepsilon} \qquad \ldots \quad (9)$$

Konstruktion des Schubkurvenprofils, Schaltellipse, Sinuskurvendiagramm. Mit den aufgestellten Bewegungsgesetzen kann man das Profil der Schubkurve konstruieren. Im folgenden sei der Gang der Konstruktion kurz angegeben, während auf die Durchführung eines Beispiels verzichtet werden muß, da sie nicht mehr in den Rahmen dieser Arbeit gehört und für die Beurteilung der Konstruktion selbst nicht wesentlich ist. Zuerst wird die Schaltkurve aufgezeichnet, und zwar unter den Gesichtspunkten sanften Anfangs und Schlusses der Schaltperiode, so daß Stöße vermieden werden; Anfang und Schluß sollen also nach Parabeln erfolgen. Im übrigen kann die Schaltkurve nach einer Sinuslinie gestaltet werden, so daß ein sanfter Übergang der Beschleunigungen stattfindet. Die Abscissen der Kurve bilden hierbei jeweils gleiche Teile des für den Vorschub nutzbaren Drehwinkels, denen gleiche Zeiten entsprechen, da ja die Schubkurve mit konstanter Winkelgeschwindigkeit umläuft, die durch die Umdrehungszahl der Presse gegeben ist. Während nun bei Kurbeltrieb der nutzbare Drehwinkel der Kurbelwelle durch die Eigenart des Getriebes ohne weiteres gegeben ist und ungefähr 180⁰ beträgt, kann bei Anordnung von Schubkurven der nutzbare Drehwinkel auf das Maximum gesteigert werden, das durch die Größe der Arbeitsperiode, d. h. den hierfür notwendigen prozentualen Hub des Stößels bestimmt ist. Dies hat zweifellos eine Verbesserung der Geschwindigkeitsverhältnisse zur Folge, indem eine Verminderung der Vorschubgeschwindigkeit eintritt. Hierdurch kann aber die Arbeitsgeschwindigkeit und Leistungsfähigkeit der Presse durch Erhöhung der Umlaufszahl gesteigert werden. Bei Revolverpressen ist der Hub des Stößels meist unveränderlich; wird außerdem

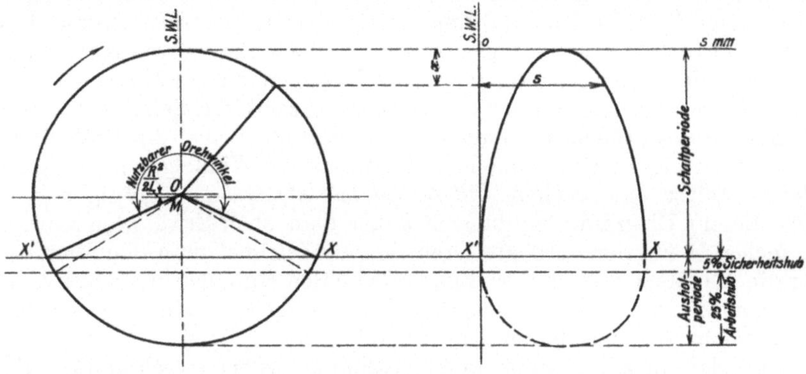

Fig. 49.

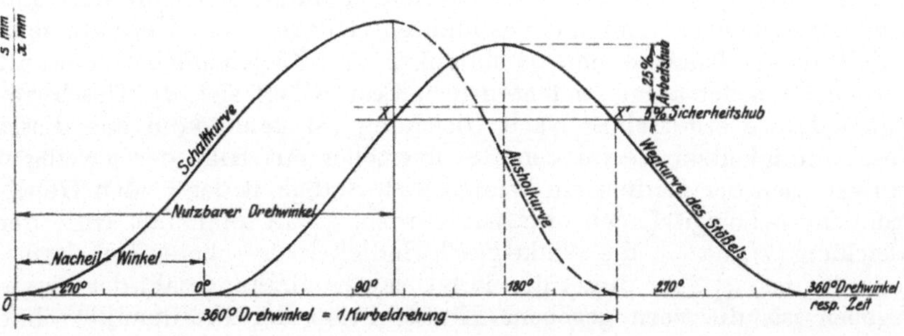

Fig. 50.

der für den Arbeitsprozeß notwendige maximale Hub, während dessen nicht vorgeschoben wird, als bekannt angenommen, so kann der nutzbare Drehwinkel ohne weiteres aus der Schaltellipse (Fig. 49) oder aus dem Sinuskurvendiagramm (Fig. 50) ermittelt werden.

Zeichnet man ähnlich wie beim Kurbeltrieb die Wege des Stößels als Ordinaten, die Schaltwege als Abscissen auf, so erhält man die in Fig. 49 gezeichnete Kurve, die Schaltellipse benannt wurde. Die Kurve weicht hier allerdings erheblich von der Ellipsenform ab und ist je nach Annahme der Verhältnisse mehr oder weniger eiförmig geartet. Die Schaltellipse gibt, wie früher, einen guten Überblick über die Bewegungsverhältnisse von Stößel und Vorschubapparat. Auch läßt sich der Nacheilwinkel der Kurve leicht finden, mit Hilfe der einfachen

Überlegung, daß die Schubkurve gegen die Exzenterwelle derart versetzt werden muß, daß die Schaltperiode endigt, wenn die Arbeitsperiode beginnt. Hierbei wird allerdings die Lage der Rolle zu berücksichtigen sein. Bei der günstigsten und meist gebräuchlichen Annahme, daß die Rollenmitte ober- oder unterhalb der Exzenterwellenmitte liegt, ergibt sich der Nacheilwinkel gleich dem Drehwinkel der Exzenterwellenkurbel bis Eintritt in die Arbeitsperiode. Die Figur zeigt auch hier die Einschaltung eines sogenannten Sicherheitshubes, der wiederum den Zweck hat, ausreichende Sicherheit gegen Kollisionen zwischen dem Stempel und dem Revolverteller zu gewähren.

Fig. 50, das „Sinuskurvendiagramm", zeigt die Schaltkurve und Wegkurve des Stößels' in Sinuslinien dargestellt, wobei die Drehwinkel resp., da gleichen Drehwinkeln bei konstanter Winkelgeschwindigkeit gleiche Zeiten entsprechen, die Zeiten als Abscissen aufgetragen sind. Aus diesem Diagramm ergibt sich außer dem oben Erwähnten auch in einfacher Weise der nutzbare Drehwinkel. Zeichnet man nähmlich den für die Arbeitsperiode notwendigen maximalen Hub, der hier zu 25% anangenommen sei, mit dem Sicherheitshub (in Fig. 5%) ein, so erhält man unmittelbar den nutzbaren Drehwinkel.

Ist der nutzbare Drehwinkel bestimmt, wobei zweckmäßiger das Sinuskurvendiagramm benutzt wird, da die Schaltkurve doch aufgezeichnet werden muß, so können nach den durch den Vorschub und den konstruktiven Aufbau bestimmten Rücksichten Übersetzungsverhältnis, Hebelarme und Drehpunkte des Zwischenhebels gewählt werden. Aus der aufgezeichneten Schaltkurve läßt sich die Geschwindigkeitskurve ermitteln. Nach Gleichung (8) kann dann aus dieser Geschwindigkeitskurve für den Revolverteller mit Hilfe der jeweiligen Projektionen der Radien die Winkelgeschwindigkeit der beiden Hebelarme für beliebige Lagen erhalten werden. Nun kann mit Hilfe der Gleichung (7), da ω_2, die Winkelgeschwindigkeit des oberen Hebelarms, gefunden ist, ω_1 aber durch die minutliche Umdrehungszahl der Presse gegeben ist, die vorn gegebene Konstruktion der Profilpunkte ohne weiteres vollzogen werden. Man nimmt nämlich auf dem Kreis um M_2 mit Halbmesser a verschiedene Lagen der Rolle an (s. Fig. 48), teilt die Strecke $M_2 M_1$ in den Punkten S im umgekehrten Verhältnis der jeweiligen Winkelgeschwindigkeiten, also im Verhältnis $\omega_1 : \omega_2$. Verbindet man diese Punkte mit den jeweiligen hierzu gehörigen Lagen der Rollenmitte Z_1, so erhält man in den Schnittpunkten mit dem Rollenumfang die Berührungspunkte der Rolle mit der Schubkurve. Dreht man diese Punkte um die der Lage der Rolle entsprechenden Drehwinkel der Schubkurve zurück, so erhält man Punkte des Schubkurvenprofils. Die Winkel resp. Bogen, um die zurückgedreht werden muß, können entsprechend der Lage des Revolvertellers aus der Schaltkurve entnommen werden, die ja für gleiche Drehwinkel der Kurvenscheibe als Abscissen aufgezeichnet wurde. In manchen Fällen ließe sich der Gang der Konstruktion des Profils dadurch vereinfachen, daß die Schaltkurve nicht für den Revolverteller, sondern direkt für den

oberen Hebelarm des Winkelhebels zugrunde gelegt wird. Doch wäre
dies nur in bestimmten Fällen zulässig, allenfalls da, wo es sich um große
Durchmesser der Revolverscheibe und kleine Vorschubgrößen handelt.
Hierbei kann dann auch folgendes Näherungsverfahren zur Konstruktion
des Profils vorteilhaft Verwendung finden. Man beschreibt um M_1 mit
dem kleinsten Radius der Schubkurve einen Kreis, teilt den für den
Vorschub nutzbaren Drehwinkel in eine bestimmte Anzahl Teile und ent-
nimmt aus der Schaltkurve den jedem Drehwinkel entsprechenden
Weg der Rolle. Trägt man nun diese Werte auf dem zugehörigen Radius
von der Peripherie des Kreises um M_1 aus ab und verbindet man
die hierdurch gefundenen Punkte, so erhält man, für die Praxis meist
genügend genau, das Profil der Schubkurve.

Der Teil des Profils der Schubkurve, welcher den Rücklauf oder
das Ausholen der Klinke bewirkt, kann in derselben Weise nach der in
Fig. 50 gezeichneten Ausholkurve konstruiert werden. Er ergibt sich
jedoch meist genau genug durch Annahme eines stetig verlaufenden
Schlusses des Profils für die Schaltperiode. Bei Konstruktion dieses
Profilteils ist jedoch zu beachten, daß meist der Klinke ein kleiner
Überhub über die Anfangsstellung derselben hinaus gegeben werden
muß, um ein sicheres Eingreifen in den Revolverteller zu erhalten. Bei
der gemachten Annahme wird sich beschleunigter Rücklauf der Klinke
ergeben. Der eben erwähnte Überhub der Klinke muß natürlich bei der
Berechnung ihres Gesamtweges berücksichtigt werden, da er für die
Drehung des Revolvertellers nicht nutzbar gemacht werden kann.

Ist der gesamte Weg der Schaltklinke s_1, so berechnet sich dieser
nach der Gleichung:

$$s_1 = \lambda \cdot s,$$

wenn s die Differenz des größten und kleinsten Radius der Schubkurve, also die Gesamtsteigung derselben darstellt, und $\lambda = \dfrac{b}{a}$ das
Übersetzungsverhältnis des Hebelwerks bedeutet. Bezeichnet man den
Überhub mit u, so wird für die Drehung des Revolvertellers ein Weg
der Klinke von:

$$s_2 = s_1 - u = \lambda \cdot s - u$$

ausgenutzt. Bezeichnet wie seither r_4 den Radius des Revolvertellers,
an dem die Schaltklinke angreift, τ den durch die Zahl der Bohrungen
des Tellers bestimmten Drehwinkel, ist außerdem ϑ der Winkel, den
der nach dem Angriffspunkt der Schaltklinke gezogene Radius in seiner
Anfangsstellung mit der senkrecht zur Hubrichtung der Klinke durch den
Drehpunkt des Revolvertellers gezogenen Mittellinie einschließt (s. Fig. 47),
so erhält man die Beziehung:

$$s_2 = r_4 \cdot (\sin (\tau - \vartheta) + \sin \vartheta) = \lambda \cdot s - u,$$

woraus:

$$s = \frac{r_4 \cdot (\sin (\tau - \vartheta) + \sin \vartheta) + u}{\lambda} \qquad \ldots \quad (10)$$

Diese Gleichung stellt die allgemeine mathematische Beziehung zwischen Radius und Teilung des Revolvertellers und dem Hub, resp. Gesamtsteigung der Schubkurve dar; die letztere läßt sich hieraus berechnen. Für $\vartheta = O$ wird sich die Gleichung wesentlich vereinfachen.

Was nun die räumliche Schubkurve betrifft, so kann das für die ebene Schubkurve Entwickelte ohne weiteres auf sie angewandt werden, da die räumliche Schubkurve nichts anderes darstellt als eine auf einen Zylindermantel übertragene ebene Schubkurve. Die Abwicklung der räumlichen Schubkurve läßt sich unmittelbar aus der ebenen konstruieren, indem man das Profil der ebenen Schubkurve auf den abgewickelten Umfang des in seinem Durchmesser bestimmten Schubkurvenzylinders entsprechend überträgt.

Beurteilung des Revolverapparates. Das im vorstehenden Entwickelte gibt Anhaltspunkte für die Beurteilung eines Revolverapparates. Nur der Aufbau und die Durchbildung der Vorrichtung, insbesondere der Kurve nach den angegebenen Gesichtspunkten wird ein einwandfreies Arbeiten ergeben und die höchste Leistungsfähigkeit der Revolverpresse ermöglichen. In der Praxis kann man bei Revolverpressen da und dort Schubkurven antreffen, deren Profil aus ein paar Kreisen zusammengesetzt ist. Diese erzeugen wohl eine hin und hergehende Bewegung, aber hinsichtlich der Geschwindigkeitsverhältnisse und der richtigen Ausnutzung der für den Vorschub verfügbaren Zeit und der damit möglichen Erhöhung der Arbeitsgeschwindigkeit lassen sie manches zu wünschen übrig. Da gerade die Schubkurve gegenüber dem Kurbeltrieb den Vorteil dieser weitgehenden Durchbildungsfähigkeit besitzt, so muß auch überall da, wo sie angewandt wird, die Durchbildung nach den obigen Gesichtspunkten gefordert werden. Auf diese Forderung muß um so mehr Nachdruck gelegt werden, als ohne weiteres zuzugeben ist, daß der Antrieb durch Schubkurve, was die Herstellung und Abnutzung anbelangt, dem Kurbeltrieb nachsteht, der auch häufig für Revolverpressen benutzt wird. Gerade diese günstige Durchbildungs- und Anpassungsfähigkeit ist es auch, die dem Schubkurvenantrieb, trotz der erwähnten Nachteile gegenüber dem Kurbeltrieb, eine Stelle sichert, die er beim Aufbau auf richtigen mathematischen Grundlagen stets behaupten wird. Insbesondere die Steigerung der Leistungsfähigkeit der Presse wird dadurch begünstigt.

Man hat zuweilen auch schon die bei Schubkurven notwendig werdenden großen Hebelübersetzungen als Nachteil bezeichnet. Ich glaube jedoch, daß in dieser Hinsicht allzu große Bedenken nicht am Platz sein dürften, da bei richtigem Aufbau und Würdigung der Geschwindigkeitsverhältnisse hierdurch Nachteile im Betrieb kaum auftreten können. Die Möglichkeit, daß einmal an dem mit der Schubkurve zwangläufig verbundenen Teil des Hebels Ungenauigkeiten des Weges eintreten, die sich dann an der Klinke im Verhältnis der Länge der Hebelarme vervielfachen, ist nicht sehr groß. Es kann wegen der Nachstellbarkeit der Klinke und der angebrachten Sicherheitsvorrichtungen diesem Umstand keine große Bedeutung zugemessen werden. Hält man außerdem den Radius des Revolvertellers, an dem die Schaltklinke angreift, möglichst klein, soweit es eben die konstruktiven Verhältnisse zulassen, oder vermehrt man die Bohrungen des Tellers, so daß der Drehwinkel sich verkleinert, so könnte dadurch der Weg der Klinke und damit auch das Übersetzungsverhältnis verkleinert und dieser event. Nachteil verringert werden.

Gegenüber dem Kurbeltrieb hat der Schubkurventrieb zweifellos den Nachteil schwierigerer Regulierbarkeit der Vorschubgrößen. Da aber beim Revolverapparat die Verstellung weniger häufig nötig ist als z. B. beim Walzenapparat, so fällt dieser Nachteil nicht so sehr ins Gewicht. Bei beiden Arten des Antriebs ist natürlich hierbei die Auswechslung des Tellers notwendig.

Was nun die schwer zu vermeidende Bremsung des Revolvertellers anbelangt, so ergibt sich dadurch auch hier, ähnlich wie beim Walzenapparat, erhöhte Beanspruchung und Abnutzung der Schaltklinke und des Tellers selbst und erhöhter Kraftverbrauch. Die Bremsverhältnisse sind aber hier insofern günstiger, als noch eine Hubbegrenzung vorhanden und die Gefahr des Schleuderns nicht so groß ist; es braucht deshalb nicht so stark gebremst zu werden. Die Gefahr des Schleuderns ist jedoch wegen der hin- und hergehenden Massen immerhin vorhanden

Endlich muß noch erwähnt werden, daß das Verwendungsgebiet des Revolverapparates ein begrenztes ist. Für größere Werkstücke nimmt der Revolverteller sehr große, wenig vorteilhafte Abmessungen an und kann deshalb nicht mehr mit Vorteil verwendet werden. Zweifellos ist aber, daß in dem begrenzten Gebiet die Leistungsfähigkeit des Apparates bei guter Durchbildung eine ganz bedeutende ist. Aus diesem Grunde und dem der Einfachheit hat er auch große Verbreitung gefunden.

b) Revolverapparat mit Sternradtrieb (Fig. 51). Um die sowohl bei Kurbel-, als bei Schubkurventrieb notwendigen hin- und hergehenden Massen mit ihren nachteiligen Folgeerscheinungen zu vermeiden, hat man auch den bei den Zickzackpressen besprochenen Sternradtrieb angewendet. Die Anordnung ist hier folgende.

Auf der ständig sich drehenden Welle a, deren Bewegung durch Winkelräder von der Kurbelwelle abgeleitet ist, sitzt eine Scheibe b mit dem Zapfen c. Der Zapfen greift auf einem Teil der Drehung der Welle a in die Nuten d des Revolvertellers e ein, an welchem die Rundungen f ausgearbeitet sind, die zur Arretierung des Tellers durch die sichelförmige Scheibe g dienen.

Hinsichtlich des Sternradtriebes verweise ich auf das Seite 19 ff Gesagte. Die Vorteile geringerer bewegter Massen und die Vermeidung hin- und hergehender Teile, Schubstangen, Klinken usw. sichern in dieser Hinsicht dieser Ausführung einen gewissen Vorrang vor den anderen. Sie ist aber nichtsdestoweniger mit den Seite 22 ff erwähnten Nach-

teilen behaftet. Insbesondere bei der gewählten Anordnung von sechzehn
Schlitzen zeigt sich, wie klein der Kurbelradius ausfällt, so daß eine
Vergrößerung notwendig wird. Die Vergrößerung ist aber mit der
Verringerung des nutzbaren Drehwinkels und damit erkauft, daß beim
Eintritt des Kurbelzapfens in den Schlitz ein leichter Stoß auftritt.
Die Arretierung der Scheibe ist sicher, aber nicht so genau, wie bei
Klinken.

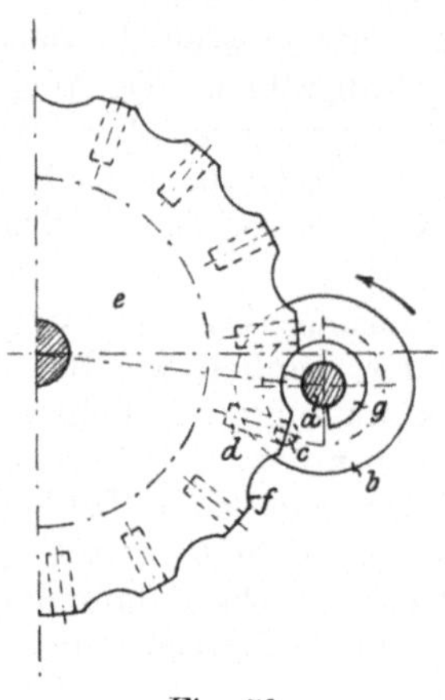

Fig. 51.

Die Herstellung der Revolverscheibe ist
hier schwieriger und teurer als bei den
anderen Ausführungen, da sich nur bei
genauem Zusammenpassen der Bohrungen
der Scheibe mit den Schlitzen d und den
Rundungen f ein genaues Arbeiten ergibt.
Der Ausgleich kleiner Fehler im Vorschub,
wie er durch die Nachstellbarkeit der
Klinke sonst leicht möglich ist, läßt sich
bei dieser Ausführung nicht oder nur sehr
schwer erreichen. Hieraus folgt aber auch,
daß der Revolverteller bei Abnutzung in den
Schlitzen d nicht mehr genau arbeitet und
Einsatzstücke notwendig sind, wenn er nicht
unbrauchbar werden soll.

Die Ausnutzung des Drehwinkels der
Welle a wäre bei richtigem Aufbau verhältnismäßig günstig und ist bei 16 Schlitzen 157,5°. Sie erreicht jedoch den Wert bei Kurbeltrieb nicht und steht gegen den
durch Schubkurve möglichen ausnutzbaren Drehwinkel weit zurück.
Die mittlere Vorschubgeschwindigkeit wird sich deshalb unter sonst
gleichen Verhältnissen bei dieser Anordnung am größten ergeben.
Es läßt sich ja wohl hierbei durch Wegfall der schwingenden Massen
die Geschwindigkeit etwas steigern, so daß etwa gleiche Umdrehungszahl wie beim Kurbeltrieb ohne weiteres möglich wird. Doch glaube
ich, daß die durch die weitgehende Ausnutzung des Drehwinkels mögliche Umdrehungszahl und damit die Leistungsfähigkeit bei richtig
durchgebildeten Schubkurven kaum erreicht werden kann. Vorausgesetzt ist natürlich hierbei gleiche Zahl der Bohrungen, gleicher Durchmesser des Revolvertellers und sonst gleiche Verhältnisse.

Die Vorrichtung eignet sich am besten für kleine Bohrungen in
der Revolverscheibe, so daß eine verhältnismäßig große Zahl derselben
möglich ist und sich unter diesen Umständen ein einfacher konstruktiver Aufbau ergibt. Bei großem Durchmesser und geringer Zahl der
Bohrungen ergeben sich sehr große Durchmesser des Revolvertellers.
Die Vergrößerung ist insbesondere durch die notwendige Tiefe der
Schlitze und den großen Kurbeldurchmesser bedingt und bringt mancherlei konstruktive Schwierigkeiten mit sich. Mit dem Steigen der Zahl
der Bohrungen ergibt sich bei gleicher Umdrehungszahl eine kleinere
mittlere Vorschubgeschwindigkeit, oder, wenn man letztere konstant

läßt, die Möglichkeit der Steigerung der ersteren. Bei hoher Umdrehungszahl machen sich aber die hin- und hergehenden Massen bei den sonstigen Ausführungen besonders nachteilig bemerkbar, und es treten die Vorteile des Sternradtriebes deutlicher hervor und überwiegen die Nachteile gegenüber den anderen Vorrichtungen. In diesem Spezialfall erscheint die Anwendung vorteilhaft und gerechtfertigt.

c) Abarten von Revolverapparaten. Eine Abart von Revolverapparaten bilden die an Spezialexzenterpressen angebrachten Zuführungsvorrichtungen zum selbsttätigen Ausstanzen von Lampenbrennern, Brotkörben usw. Der Aufbau der Zuführungsvorrichtung erfolgt in ähnlicher Weise wie der des gewöhnlichen Revolverapparates, nur daß der Revolverteller eine dem Spezialzweck entsprechende Ausbildung erfährt. Eine solche Vorrichtung zeigt die Fig. 52. Die Achse des Tellers, um die sich der gegen den Teller gepreßte Gegenstand dreht, erhält häufig schräge Lage, so daß das Schnittwerkzeug das Material möglichst in senkrechter Richtung durchdringt. Bei zylindrischer Form der zu bearbeitenden Werkstücke erhält die Drehachse wagerechte Lage, wobei die Drehung durch Schneckengetriebe oder Winkelräder vermittelt wird. Die Bewegung kann hierbei von der Kurbelwelle oder vom Stößel abgeleitet werden, was meist mittels Sperrad und Klinke erreicht wird. Für diese Spezialvorrichtung gilt hinsichtlich der Beurteilung, sinngemäß angewandt, das im vorstehenden Gesagte.

Fig. 52. Spezial-Exzenterpresse.
(E. Kircheis.)

Des Interesses halber sei noch auf eine eigenartige, hierher gehörige Vorrichtung älterer Bauart, das erloschene D.R.P. 50 585 (Fig. 53 u. 53a), hingewiesen. Der mit Bohrungen versehene ringförmig gestaltete Revolverteller ist hier auf Rollen gelagert, deren Achsen an am Tisch angebrachten Rollentragstützen befestigt sind. Der Teller hat an seinem Umfang Sperrzähne, in die eine Sperrklinke eingreift. Die Bewegung der Klinke erfolgt durch einen am Ständer der Presse gelagerten Hebel, der durch eine, am auf- und abgehenden Stößel angebrachte Nase seine Bewegung erhält. Das Ausholen des Hebels geschieht durch direkte Wirkung der Nase beim Niedergang des Stößels, während das Schalten durch eine

Zugfeder unter dem Einfluss der Stößelnase beim Hochgehen des Stößels
vollzogen wird. Die Bohrungen des Revolvertellers sind hierbei mit einem
Tragrand und einem Haltefalz versehen. Die Blechstücke werden so lange
gehalten, bis sie durch zwei Stifte aus dem Falz herausgedrängt werden
und auf die Matrize fallen. Die Sicherung des Tellers erfolgt durch einen
am Stößel angebrachten Riegelbolzen, der jeweils nach dem Vorschub,
also bald nach Beginn des Stößelniedergangs, in die am innern Teil
des Ringes angebrachten Nuten eingreift. Am unteren Teil des Revolvertellers sind noch Abwischstreifen angebracht, die den Zweck haben
sollen, nach jedem Arbeitsgang die Matrize abzuwischen resp. einzuölen.

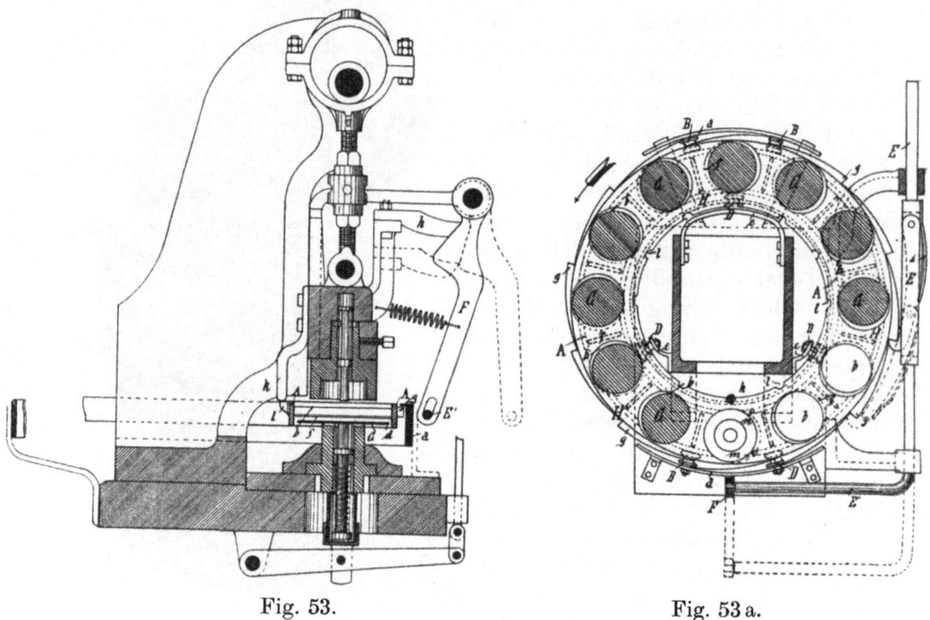

<table>
<tr><td>Fig. 53.</td><td>Fig. 53 a.</td></tr>
</table>

Besieht man sich diese Materialzuführungsvorrichtung hinsichtlich
der vorn gegebenen Kriterien und des im vorstehenden Entwickelten,
so sieht man ohne weiteres, daß sie nicht geeignet ist, den an eine moderne Revolverpresse gestellten Forderungen zu genügen. Die Konstruktion und Wirkungsweise muß als verfehlt bezeichnet werden.

Da der Revolverteller von dem zur Sicherung dienenden Stift erst
kurz vor der Höchststellung des Stößels freigegeben wird, so muß die
Bewegung des Tellers, die, wie oben erwähnt, durch Federzug erfolgt,
sehr schnell, d. h. in sehr kurzer Zeit vor sich gehen. Hierdurch sind
aber hohe Geschwindigkeiten und große Massenkräfte bedingt. Die
Ausnutzung des Drehwinkels für den Vorschub ist also eine sehr geringe,
denn der Teller muß bald nach Hubumkehr in der Höchststellung schon
in seiner neuen Lage sich befinden. Dies ist notwendig, damit der Stift
zur Sicherung in eine Nute eingreifen kann, der Stempel nicht auf den

Teller aufgreift und so etwaige Beschädigungen verursacht. Aus all dem folgt, daß die Geschwindigkeits- und Beschleunigungsverhältnisse während des Vorschubs äußerst ungünstig sind, ebenso die Schaltkurve. Daß durch die hohen Massenkräfte leicht Überschub des Tellers eintreten kann, der durch die Lagerung auf Rollen begünstigt wird, ist klar. Sollen die Geschwindigkeits- und die Massenkräfte das Maß, bei dem nachteilige Folgeerscheinungen auftreten, nicht übersteigen, so muß die Presse mit sehr geringer Umlaufszahl arbeiten, wodurch eine geringe Leistungsfähigkeit bedingt ist. Außer diesen schwerwiegenden Nachteilen muß auf das mit einigen Schwierigkeiten verbundene Einlegen der Blechscheiben in die Bohrungen resp. Falze hingewiesen werden. Was die Lagerung des Tellers betrifft, so ist sie vom Standpunkt geringster Reibung als gut zu bezeichnen, jedoch hier, wo eine solche Reibung zur Dämpfung resp. Bremsung des Tellers wünschenswert erscheint, ist sie verfehlt. Auch die genaue Führung des Tellers, der durch den an der Schaltklinke auftretenden Seitendruck aus seiner Lage gebracht werden will, ist sehr zweifelhaft. Die Abnutzung der Stösselnase am Schalthebel wird wegen des im Anfang der Ausholperiode verhältnismäßig großen spezifischen Reibungsdruckes und der am Ende der Schaltperiode auftretenden Anschlagkraft ziemlich groß sein. Dies kann eine weitere Ursache zu Ungenauigkeiten und Störungen in der Zuführung werden. Diese Materialzuführungsvorrichtung muß nach alledem als veraltet und den heutigen Forderungen der Technik nicht mehr entsprechend angesehen werden.

2. Materialzuführung bei Pressen zum Ausstanzen von Dynamoblechen, Sägeblättern usw. Die Materialzuführung bei Pressen zum Ausstanzen von Dynamoblechen, Sägeblättern usw. hat mit der Zuführung durch Revolverapparat insofern Ähnlichkeit, als die zur Zuführung des Materials benutzte Bewegung ebenfalls um eine feste Drehachse erfolgt. Besonders die Ausführung mit Teilscheibe erinnert lebhaft daran. Es ergibt sich hier nur der Unterschied, daß an Stelle der Revolverscheibe die Teilscheibe und die vorgearbeitete Blechscheibe tritt. Die Zuführung bei diesen Spezialpressen, insbesondere der Antriebsmechanismus hat mancherlei Ausbildungen erfahren, deren Wert, dem Spezialzweck entsprechend, hauptsächlich durch die sich ergebende Genauigkeit der Arbeit bestimmt ist. Die Genauigkeit muß bei Dynamoblechen eine sehr hohe sein, um das kostspielige und zeitraubende Nacharbeiten der Nuten zu ersparen. Das anerkannt Zweckmäßigste in Bezug auf Genauigkeit ist die Herstellung der Dynamobleche durch kombinierte Schnitte. Diese Schnitte sind jedoch sehr teuer, auch sind sie nur bis zu einem gewissen Durchmesser verwendbar. Immerhin muß zugegeben werden, daß für kleinere Durchmesser diese Herstellung das Beste und Billigste ist. Inwieweit die Herstellung von Dynamoblechen größeren Durchmessers durch Schnitte oder Nutenstanzmaschine vorteilhafter ist, ist eine Wirtschaftlichkeitsfrage, die von Fall zu Fall entschieden werden muß und die größte Würdigung verdient.

Die zum Erreichen der unterbrochenen Drehbewegung benutzten Antriebsmechanismen sind in der Hauptsache folgende:

1. Ableitung der Bewegung von der Kurbelwelle durch Hebelwerk auf eine Zahnstange, die durch Räderübersetzung beim Hin-und Hergang die Drehung der Achse des Bleches erzeugt.

2. Ableitung der Bewegung von der Kurbelwelle durch Kettentrieb, Überleitung durch Sternradtrieb und Zahnrädervorgelege (Fig.54).

3. Ableitung der Bewegung von der Kurbelwelle durch Kurbeltrieb, Überleitung durch Schieber, Schaltklinke und Teilscheibe (Fig. 55).

Die erste Anordnung ist heute wegen ihrer mannigfachen Nachteile fast ganz verlassen worden; ich kann mich deshalb auf die Anordnungen 2 und 3, die die Hauptausführungsformen in der Jetzzeit darstellen, beschränken. Erwähnt sei nur, daß der Hauptmangel der ersten Anordnung in zu großer Massenanhäufung im Antriebsmechanismus zu suchen war. Es traten hierdurch bei der für die Zahnstange notwendigen Geschwindigkeit große Massenkräfte auf; diese und die Räderübersetzung gaben zu ungenauem Arbeiten Anlaß. Außerdem war es die Vielteiligkeit des Mechanismus, der einer verhältnismäßig großen Abnutzung unterworfen war und ein genaues Arbeiten, wie es die Dynamobleche erfordern, sehr in Frage stellte.

Fig. 54 zeigt die Ausführung 2. Die Wirkungsweise ist einfach und aus der Abbildung ohne weiteres ersichtlich. Bei dieser Anordnung sind die Hauptmißstände der Anordnung 1 vermieden, so daß durch sie eine etwaige Beeinflussung der Genauigkeit der Arbeit kaum oder nur in ganz geringem Maße stattfinden kann.

Für den das Hauptelement des Schaltmechanismus bildenden Sternradtrieb gilt das im Abschnitt über die automatische Zickzackpresse Gesagte (Seite 19 ff.). Die Ausführung nach Fig. 54 zeigt ein achtteiliges Sternrad, das eine Ausnutzung des Drehwinkels der Kurbelwelle von 135⁰ gestattet. Der bei Wahl eines vielteiligen Sternrades bei der Zickzackpresse erwähnte Nachteil einer größeren Übersetzung fällt jedoch hier nicht so sehr ins Gewicht, da die Vorschubgröße verhältnismäßig kleiner ist. Obwohl noch eine höhere Ausnutzung des Drehwinkels wünschenswert wäre, um die Vorschubgeschwindigkeit vermindern, resp. die Umdrehungszahl der Presse steigern zu können, so kann sie doch als verhältnismäßig günstig angesehen werden. Der wunde Punkt der Anordnung liegt auch weniger hierin als in der angeordneten Räderübersetzung. Diese hat, wie die Praxis gelehrt hat, zu mancherlei Anständen hinsichtlich der Genauigkeit der Arbeit geführt. Auch wenn die Zahnräder als Präzisionszahnräder ausgebildet sind und die von der Welle des Sternrades durch Winkelräder angetriebene senkrechte Welle ein Justierrad mit selbsttätiger, von der Schaltscheibenwelle abgeleiteten Verriegelung besitzt, so sind doch Fehler in der Zuführung möglich, insbesondere bei dem mit der Zeit eintretenden, unvermeidlichen toten Gang. Die Fehler machen sich in ungleichmäßiger Teilung und damit einem Nichtzusammenpassen der Dynamobleche beim Einbau sehr unangenehm bemerkbar. Bei Blechen von kleinerem

Durchmesser kommen die Fehler weniger zur Geltung als bei solchen
größeren Durchmessers; sie vergrößern sich proportional dem Durchmesser. Dies ist ein Hauptnachteil, den der Vorteil leichter Änderung
der Teilung und der, daß die Anschaffungskosten eines Wechselräder-

Fig. 54. Nutenstanzmaschine mit selbsttätiger Materialzuführungsvorrichtung.
(L. Schuler.)

satzes geringer als die eines Teilscheibensatzes, wie ihn die Anordnung 3
erfordert, nicht aufzuwiegen vermag. Immerhin ist diese Art der Zuführung für kleinere Bleche bei guter Ausführung des Schaltmechanismus und guter Wartung ein brauchbares Mittel in der Elektrizitäts-
branche geworden.

Bei der dritten Anordnung (Fig. 55) sind Räderübersetzungen
ganz vermieden. Der Antrieb erfolgt von der Kurbelwelle aus und
wird durch Kurbeltrieb auf eine Welle abgeleitet. Von dieser wird ein
Schieber mit Klinke betätigt, welche in die auf der Drehachse sitzende

Teilscheibe eingreift. Die Klinke hebt sich beim Rückgang selbsttätig ab, damit sie und die Teilscheibe geschont bleiben. Die Achse der Teilscheibe ist gebremst, um Überschub bzw. Schleudern zu vermeiden. Fig. 55 läßt den Aufbau und die Wirkungsweise ohne weiteres erkennen. Die Ausrückung der Presse, wenn die Scheibe fertig bearbeitet ist, erfolgt auch hier selbsttätig, wie bei den anderen Anordnungen.

Hinsichtlich des zum Antrieb verwendeten Kurbeltriebs gilt das hierüber beim Walzenapparat Gesagte. Die Ausnutzung des Drehwinkels ist hier größer als bei Anordnung 2, die Vorschubgeschwindigkeit deshalb bei gleichen Verhältnissen kleiner. Die Umdrehungszahl und Leistungsfähigkeit könnte dementsprechend gesteigert werden.

Fig. 55. Nutenstanzmaschine mit selbsttätiger Materialzuführungsvorrichtung. (E. Kircheis.)

Diese Ausführung ist trotz der Notwendigkeit verhältnismäßig teurer Teilscheibensätze sehr beliebt geworden, insbesondere wegen der größeren Genauigkeit der Arbeit, die gegenüber den vorhergehenden Vorrichtungen erreicht werden kann. Diesen Anspruch größerer Genauigkeit darf diese Vorrichtung wohl solange auch mit Recht erheben, als für die jeweiligen Durchmesser der Dynamobleche genügend große Durchmesser der Teilscheiben gewählt werden. Nimmt man für große Durchmesser der Dynamobleche kleine Durchmesser der Teilscheiben mit entsprechend großer Teilung, so können sich hierdurch auch Ungenauigkeiten ergeben. Da der Mechanismus an sich einen einfacheren Aufbau aufweist, so wird auch die Abnutzung und der Kraftverbrauch geringer sein. Ein Vorteil dieser Anordnung ist auch noch darin gegeben, daß eine Teilscheibe für verschiedene Vorschubgrößen verwendet werden kann, sofern diese ein Vielfaches der ersteren sind; die Verstellung erfolgt in diesem Fall durch die Schaltscheibe des Kurbeltriebs, und es werden dann jeweils zwei oder mehr Zähne geschaltet statt eines.

Einen ähnlichen Aufbau wie die vorhergehenden Materialzuführungsvorrichtungen zeigt die einer Exzenterpresse zum Verzahnen von Sägeblättern [1]). Die unterbrochene Bewegung wird hierbei durch einen Kurbeltrieb erzeugt und durch Räderübersetzung und Schneckentrieb auf die senkrecht angeordnete das Sägeblatt aufnehmende Welle übertragen. Die Anordnung der Räderübersetzung zwischen Kurbeltrieb und Triebwelle der Schnecke hat den Zweck, den Teilwinkel des Sägblattes durch Auswechseln der Räder ändern zu können. Da bei Verzahnung von Sägeblättern nicht dieser hohe Genauigkeitsgrad verlangt wird wie bei Dynamoblechen, so kann diese Anordnung für den hier zu erreichenden Zweck in guter genauer Ausführung als ausreichend betrachtet werden. Man darf jedoch nicht verkennen, daß sich etwaige an dem verhältnismäßig kleinen Schneckenrad sich ergebende Ungenauigkeiten am Sägeblatt im Verhältnis vom Durchmesser des Sägeblattes zu dem des Schneckenrades vergrößert zeigen. Solche Fehler können aber, selbst wenn sie bei Neukonstruktion zu vermeiden sind, leicht im Laufe der Zeit durch die unvermeidliche Abnutzung des Schaltmechanismus, insbesondere des Schneckentriebes, eintreten. Für größere Durchmesser ist es fraglich, ob die erreichbare Genauigkeit noch genügen wird. So sehr die Anordnung eines Schneckentriebes eine verhältnismäßig einfache und gedrängte Konstruktion des Schaltmechanismus ergibt, so glaube ich doch, daß er nicht das geeignete Element ist für intermittierenden Betrieb, wie ihn die Materialzuführung erfordert, und wo zugleich große Anforderungen an die Genauigkeit gestellt werden müssen.

Eine weitere den erwähnten Materialzuführungsvorrichtungen ähnliche Vorrichtung ist die bei den sogenannten Sieblochstanzmaschinen, die aber nur kurz erwähnt werden soll, weil man diese Maschinen zu den Exzenterpressen im engeren Sinn nicht mehr zählen kann. (Fig. 56).

Die Bewegung der Sieb- oder Seiherbleche für die kreisförmig oder spiralförmig angeordneten Lochungen erfolgt durch zwei gegeneinander gepreßte Rollen, die durch Hebelwerk unterbrochen bewegt werden und das Blech mitnehmen. Die Versetzung der Kreislinien bzw. der radiale Vorschub bei Spirallinien wird durch selbsttätige Verschiebung der in einem beweglichen Schlitten festgespannten Blechscheibe erreicht. Bei Spirallinien erfolgt diese Verschiebung dadurch, daß ein auf einem mit spiralförmigen Nuten versehenen Kegel befindliches Seil intermittierend abgewickelt wird. Die Bewegung wird dann mittels Schraube und Schraubenmutter auf den Schlitten übertragen. Der Spiralkegel muß hierbei den gewünschten Spirallochungen ent-

---

[1]) Z. Ver. deutsch. Ing. 1910, S. 1852.

sprechend geformt sein. Der ziemlich vielteilige Schaltmechanismus ist sinnreich durchkonstruiert und erfüllt in der Grenze der für die Lochungen von Sieb- und Seiherblechen notwendigen Genauigkeit seinen Zweck vollkommen. Bei der Lochung nach Spirallinien die richtige Spiralbewegung zu erhalten, ist sehr schwierig. Man behilft sich deshalb damit, die resultierende Bewegung in ihre Komponenten zu zerlegen, welche dann von den Schaltorganen erzeugt werden. Daß sich hierbei

Fig. 56.   Sieblochstanzmaschine.   (E. Kircheis.)

kleine Unstimmigkeiten ergeben können, ist klar; außerdem verursachen die Relativbewegungen senkrecht zur Drehrichtung ein Gleiten des zu bearbeitenden Bleches auf den führenden Rollen, das Abnutzung ergibt. Der Nutenkegel mit dem abzuwickelnden Seil kann mit der Zeit zu Ungenauigkeiten im radialen Vorschub Anlaß geben, die sich hier mehr bemerkbar machen, als wenn sie in Richtung des Umfangs aufträten. Immerhin ist anzunehmen, daß sich bei gutem Zustand der Maschine die Ungenauigkeiten in den für die Bearbeitung dieser Bleche zulässigen Grenzen bewegen.

3. Materialzuführung durch Schieberapparat. Eine andere Vorrichtung zur Zuführung von vorgearbeiteten Blechformen ist der Schieberapparat, (Fig. 57) bei dem an Stelle der Revolverscheibe ein Schieber mit

einem den jeweiligen Gegenständen entsprechend geformten Füllbecher
tritt. Aus dem Füllbecher werden die Werkstücke dann selbsttätig unter
die Werkzeuge gebracht. Die Vorrichtung dient meist einem Spezialzweck, wie z. B. Geradrichten und Fassonieren von Uhrenbestandteilen,
Kettengliedern, Unterlagplättchen, zum Durchsetzen und Richten
vorher zusammengesetzter Scharnierbänder usw. Die Wirkungweise
ist folgende: ein ent-
sprechend geformter
Schieber läuft in rich-
tiger Abhängigkeit von
der Drehung der Kurbel-
welle, im Tisch der
Presse geführt, unter
dem Werkzeug hin und
her. Der Antrieb des
Schiebers erfolgt ent-
weder von der Kurbel-
welle aus durch Schub-
kurve bzw. Exzenter-
scheibe und Hebelwerk
bzw. Kurbeltrieb, oder
auch vom Stößel bzw.
vom Blechhalter aus.
Bei Rückgang des
Schiebers nimmt dieser
das Werkstück auf und
befördert es unter das
Werkzeug, zugleich
schiebt er das bear-
beitete Werkstück vom
Werkzeug weg.

Hinsichtlich der
Vor- und Nachteile des
Antriebs durch Schub-
kurve oder Kurbeltrieb
verweise ich auf die ent-
sprechenden Abschnitte
hierüber (S. 46 ff. und
92 ff.). Tritt an Stelle

Fig. 57. Exzenterpresse mit Schieberapparat.
(L. Schuler.)

einer Kurvenscheibe nur eine exzentrische Kreisscheibe, so ist der
gewöhnliche Kurbeltrieb vorzuziehen.

Was den Antrieb durch den Stößel anbelangt, so steht dieser den
beiden anderen Antriebsarten insofern nach, als die Ausnutzung des
Drehwinkels der Kurbelwelle eine geringere ist. Der Stößelhub kann
hierbei nicht vollständig für den Vorschub ausgenutzt und es wird dementsprechend die Vorschubgeschwindigkeit eine höhere werden. Außerdem können leicht Stöße am Anfang der Vorschub- und Ausholperiode

auftreten. Noch ungünstiger werden in dieser Hinsicht die Verhältnisse bei Antrieb durch den Blechhalter, der nur ab und zu bei kleineren Ziehpressen Verwendung findet. Eine Verbesserung wäre dadurch möglich, daß die den Blechhalter bewegende Schubkurve auf der Seite, die den Aufgang reguliert, mit Rücksicht auf die größtmögliche Ausnutzung des Kurbeldrehwinkels ausgebildet wird. In diesem Fall könnten annähernd dieselben Verhältnisse erreicht werden wie bei Antrieb durch den Stößel. Eine solche Vorrichtung, bei der der Antrieb durch den Blechhalter erfolgt, ist in der Patentschrift Nr. 124 830 (Fig. 58) dargestellt.

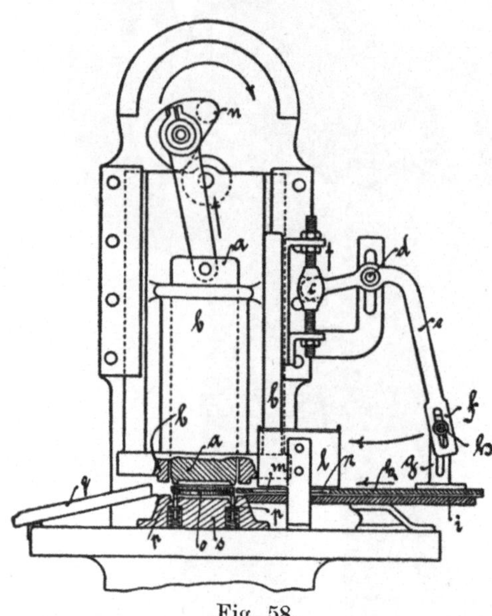

Bei dieser Anordnung ergibt sich eine Ausnutzung des Drehwinkels der Kurbelwelle für den Vorschub von ca. 90°. Daß hierbei große Vorschubgeschwindigkeit bzw. verhältnismäßig niedrige Umdrehungszahl bedingt ist, liegt auf der Hand.

Der Schieber hat dem jeweiligen Zweck entsprechend

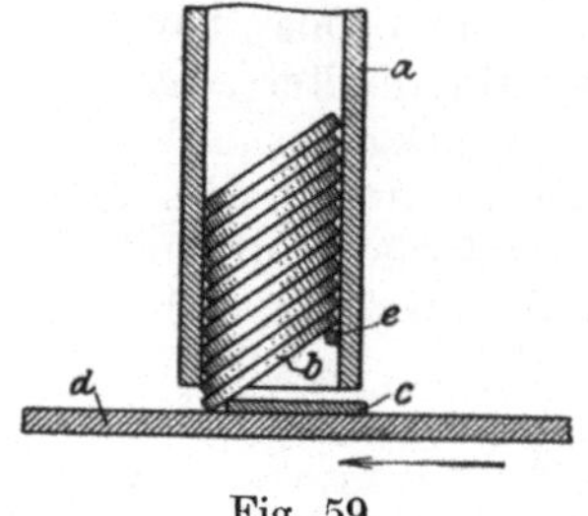

Fig. 58.   Fig. 59.

mancherlei Ausbildungen erfahren, doch scheint dies für die wesentliche Beurteilung der Vorrichtung selbst von geringem Einfluß. Selbstverständlich ist auch hier geringe Masse von großem Vorteil.

Die Entnahme der Werkstücke aus dem Füllbecher oder der Zufuhrrinne muß sicher sein und bildet für die Beurteilung dieser Vorrichtung einen wesentlichen Gesichtspunkt. Man hat nun hier den jeweils zu bearbeitenden Werkstücken entsprechend die Füllbecher oder Zufuhrrinnen ausgebildet. Die in Fig. 59 abgebildete, durch das D.R.P. 218 563 geschützte Vorrichtung ist für flache auf der einen Seite ausgehöhlte Werkstücke, wie z. B. Blechdeckel usw., bestimmt.

Die Deckel werden in den senkrechten Schacht eingelegt und stellen sich infolge des Anschlages e in schräge Lage. Der auf dem Schieber d befestigte Mitnehmer c greift bei der Bewegung in der Pfeilrichtung in den untersten Deckel b ein und nimmt diesen mit unter das Werkzeug zur Bearbeitung. Das Füllen des rohrförmigen Bechers geschieht vorteilhaft auch in der Weise, daß die Werkstücke in diesen im vorhergehenden Arbeitsprozeß aufgefangen werden. Der Füllbecher, der dann meist auswechselbar angeordnet ist, dient hierbei zugleich zum Transport der Werkstücke von einer Presse zur andern.

Eine andere Vorrichtung ähnlicher Art ist an Maschinen zur Herstellung von Druckknöpfen zu finden, durch welche die von der Stanzmatrize kommende, mit einem Kegel versehene Scheibe gekippt und den nachfolgenden Werkzeugen in richtiger Lage zugeführt werden soll. Die Vorrichtung ist durch das D.R.P. 209 643 geschützt. Der Anschluß der in einem Bogen auslaufenden Röhre erfolgt direkt an die Stanzmatrize

Eine ältere Vorrichtung zeigt die Patentschrift Nr. 37 005, die zur Zufuhr der Platten für Prägemaschinen dient. Bei dieser Vorrichtung werden die Münzplatten, die ungeordnet in einem Behälter liegen, geordnet, d. h. in bestimmte Lage gebracht, und durch eine Rinne zwischen die Stempel geleitet.

Bei all diesen Vorrichtungen ist darauf zu achten, daß ein Hängenbleiben der Werkstücke nicht eintreten darf. Bei geneigten Zuführungskanälen oder Rinnen ist die Neigung so groß zu wählen, daß die Schwerkraft die Oberflächenreibung des Werkstücks an den Kanalwänden sicher überwindet.

Die Genauigkeit der Zuführung, besonders bei Prägearbeiten muß eine sehr große sein, damit eine zentrische Lage der Prägungen auf der Münzplatte gewährleistet ist. Abnutzungen im Schiebermechanismus können in dieser Hinsicht leicht zu Ungenauigkeiten Anlaß geben. Da wo es sich nur um ein Geradrichten von Werkstücken handelt, ist dieser hohe Genauigkeitsgrad wie bei Prägungen nicht erforderlich, und es erscheint diese Zuführungsvorrichtung für diesen Zweck auch besonders geeignet. Beim Verarbeiten von dünnen Werkstücken ist jedoch der Schieberapparat wegen der hierbei auftretenden Mißstände, wie schlechte Mitnahme des Werkstücks aus dem Füllbecher, leicht eintretende Schräglagen im Schieber usw., weniger zu empfehlen, es sei denn, daß eine dementsprechende Ausbildung des Apparates erfolgt.

Die Arbeitsgeschwindigkeit der Presse ist zum Teil beeinflußt durch den Zuführungsapparat, indem der Schieber nicht zu schnell arbeiten darf, damit ein sicheres Nachrücken und Einfallen der Werkstücke in denselben stattfinden kann. In dieser Hinsicht ist durch richtige Wahl und Durchbildung des Antriebs auf möglichst geringe Vorschubgeschwindigkeit hinzuwirken, damit die durch den Arbeitsprozeß bestimmte Arbeitsgeschwindigkeit der Presse möglichst wenig beeinflußt wird..

Die Zuführungsvorrichtung, zu der meist noch eine Sicherung gehört, die im Falle einer Störung des Arbeitsprozesses die Presse außer Betrieb setzt, kann für nicht allzugroße Werkstücke als sehr leistungsfähig angesehen werden. Sie wird für die erwähnten Spezialarbeiten sowohl an stehenden als an liegenden Pressen mit Vorteil verwendet und bildet zugleich eine wirksame Verhütung gegen Fingerverletzungen des Arbeiters. Fig. 60 zeigt eine liegende oder horizontale Ziehpresse mit selbsttätiger Zuführung mittels Füllkanals und beweglichen Schiebers die zum Zylindrischziehen wie Fassonziehen verwendet werden kann.

Fig. 60.   Liegende Ziehpresse mit Schieberapparat.   (L. Schuler.)

4. Materialzuführungsvorrichtung mit schrittweise bewegter Transportplatte. Eine andere Zuführungsvorrichtung, die bei Ziehpressen Verwendung findet und sich insbesondere für größere Durchmesser der zugeführten Werkstücke eignet, ist die mit schrittweise bewegter Transportplatte (D.R.P. 124 832). Die auf Rollen gelagerte Transportplatte (Fig. 61) besitzt in gleichen Abständen hintereinander angeordnete, der Pressenmatrize entsprechende Durchbrechungen. Sie wird durch ein mit Zahnsegment versehenes Rad, das in eine an der Transportplatte angebrachte Zahnstange auf einem bestimmten Teil seiner Drehung eingreift, intermittierend bewegt. Auf diese Weise wird das auf die Transportplatte gelegte, durch Anschläge zentrierte Werkstück unter die Matrize zur Bearbeitung gebracht. Nach der Bearbeitung wird das Werkstück durch den Ausstoßer auf Rasten gehoben, die in gleicher

Höhe federnd angeordnet sind und aus der Wandung der Durchbrechungen der Transportplatte hervorragen. Diese Rasten werden durch besondere Anordnung vor dem Niedergang des Ziehstempels zum gänzlichen Zurückweichen gezwungen.

Da bei großen Durchmessern der Werkstücke meist die Arbeitsgeschwindigkeit, d. h. die Umdrehungszahl der Presse durch die zulässige Ziehgeschwindigkeit bestimmt ist, so kommt der Einfluß der Vorschubgeschwindigkeit kaum in Betracht. Die Umdrehungszahl der Arbeitsgeschwindigkeit wird also lediglich mit Rücksicht auf die zulässige

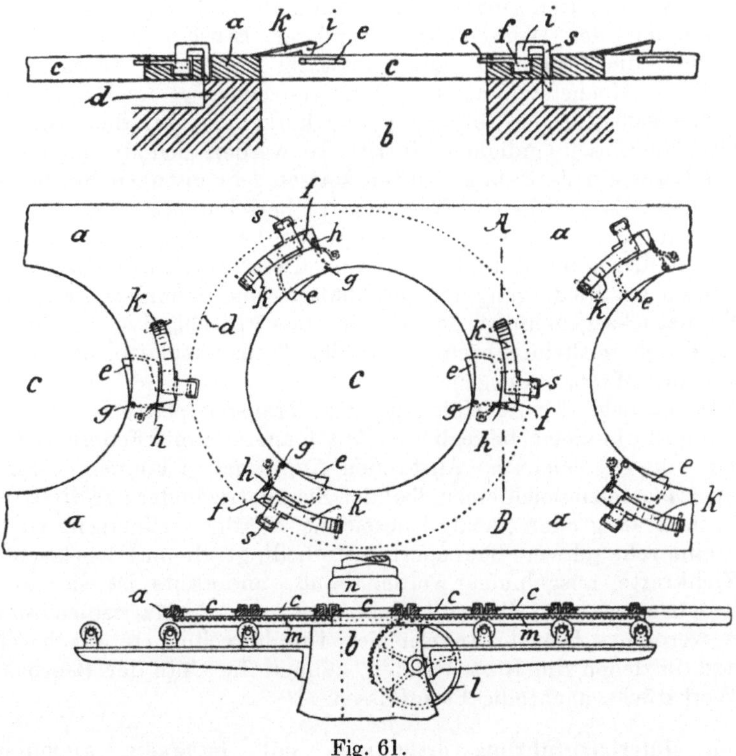

Fig. 61.

Ziehgeschwindigkeit bestimmt werden müssen. Aus diesem Grunde fallen die sonst sehr wesentlichen Erwägungen hinsichtlich des Antriebs und der Ausnutzung möglichst großen Drehwinkels zur Erhöhung der Leistungsfähigkeit nicht ins Gewicht. Eine Erhöhung würde die Ziehgeschwindigkeit nicht zulassen. Nichtsdestoweniger ist Wert darauf zu legen, auch die Vorschubgeschwindigkeit möglichst niedrig zu halten, da hierdurch ein wesentlich genaueres Arbeiten, geringere Abnutzung usw. erreicht werden kann. Indes gibt es auch in der Praxis Fälle, in denen die obigen Erwägungen nicht mehr volle Gültigkeit haben und auch der Einfluß der Vorschubgeschwindigkeit mitbestimmend für die

Leistungsfähigkeit wird. Da die Transportplatte häufig nicht nur die Zuführung, sondern auch das Wegschaffen des bearbeiteten Werkstücks zu besorgen hat, so wird gerade das letztere noch von wesentlichem Einfluß auf diese Erwägungen sein. Das Werkstück kann nämlich erst weggeschafft werden, wenn sowohl Blechhalter als Stempel aus demselben herausgetreten sind. Dies ist bei hohen Werkstücken ziemlich spät der Fall, so daß nur verhältnismäßig kurze Zeit bleibt, um das bearbeitete Werkstück vor Niedergang des Blechhalters und Stempels aus deren Bereich zu bringen und das neue zuzuführen. Es können hierdurch Schwierigkeiten eintreten, die von Fall zu Fall je nach Art und Beschaffenheit der Werkstücke besonderer Erwägung bedürfen und je nachdem die Zuführung ganz selbsttätig oder, nach Ausrücken der Presse in der Höchststellung, von Hand gerechtfertigt erscheinen lassen. Bleibt bei selbsttätiger Zuführung nur kurze Zeit für den Vorschub, so daß hohe Geschwindigkeit eintritt, so werden sich die in der sehr starken Transportplatte angehäuften Massen sehr unangenehm bemerkbar machen. Es wird hierbei Neigung zu Überschub eintreten, der durch die Lagerung der Transportplatte auf Rollen besonders begünstigt wird. Kleinere Fehler in der Zuführung sind bei dieser Vorrichtung von keinem Einfluß, da bei Niedergang des Blechhalters eine besondere Zentrierung des Werkstücks gegenüber der Matrize bewerkstelligt wird. Dies geschieht durch seitliche Anschläge an der Transportplatte, die sich am Umfang der Matrize anlegen.

Hinsichtlich der Ausführung der Transportplatte muß gesagt werden, daß die vielen beweglichen Anschläge, die mit Federn versehen werden müssen. leicht zu Anständen Anlaß geben können. Daß die Transportplatte zugleich einen Teil der Ziehmatrize oder gar diese selbst bildet, muß als großer Nachteil bezeichnet werden. Einerseits ist hierdurch eine sehr schwere Transportplatte bedingt, die mit Rücksicht auf die Ziehkräfte ausgebildet werden muß, anderseits ist sie all den Einflüssen ausgesetzt, die beim Ziehprozeß auf die Matrize selbst ausgeübt werden. Die im Innern der Durchbrechungen angebrachten Schlitze, in denen die Rasten ruhen, können die Güte der Bearbeitung des Werkstücks nachteilig beeinflussen.

5. Materialzuführungsvorrichtung mit beständig umlaufender Scheibe und Greiferplatten[1]). Eine Zuführungsvorrichtung anderer Konstruktion, die besonders bei Mehrfachziehpressen Verwendung findet, ist die mit beständig umlaufender Scheibe und Greiferplatten mit v-förmigen Ausschnitten (Fig. 62). In die umlaufende Scheibe, die durch Seiltrieb von der Hauptwelle aus angetrieben wird, werden die zu bearbeitenden Werkstücke eingelegt und durch Reibung gegen einen Federanschlag mitgenommen. Der Anschlag gibt ihnen eine solche Lage, daß die beiden sich zangenartig öffnenden Greiferplatten sie mit den v-förmigen Ausschnitten fassen können. Wenn dies geschehen, erhalten

---

[1]) Siehe auch Z. Ver. deutsch. Ing. 1910, S. 1891.

die Greiferplatten eine Bewegung gegen die Werkzeuge zu, die von der Hauptwelle derart abgeleitet wird, daß das Werkstück nach dem Vorschub gerade unter das Werkzeug zu liegen kommt. Beim Öffnen der Greiferplatten soll das Arbeitsstück genau auf der Matrize liegen

Fig. 62. Mehrfachziehpresse mit Materialzuführung durch beständig umlaufende Scheibe und Greiferplatten. (E. W. Bliß Co.)

bleiben. In ähnlicher Weise wie das Werkstück angeholt wird, wird es auch von Matrize zu Matrize befördert. Die Mittelabstände der Matrizen müssen hierbei genau gleich gewählt werden. Das Öffnen und Schließen der Greiferplatten geschieht wie der Vorschub durch Schubkurve mittels Hebelübersetzung. Die Anordnung mehrerer Werkzeuge spielt bei der Beurteilung dieser Materialzuführungsvorrichtung keine wesentliche Rolle, da ja alle Werkzeuge gleichzeitig arbeiten. Die Betrachtung ist deshalb ähnlich wie bei einer einfachen Ziehpresse.

Was das Schubkurvengetriebe anbelangt, so verweise ich wieder auf die entsprechenden speziellen Ausführungen hierüber (S. 81 ff.). Es ist hier deshalb angewendet, weil es einen einfachen konstruktiven Aufbau ergibt und die zum Vorschub notwendigen Operationen in richtiger Zeitfolge leicht ermöglicht.

Die Geschwindigkeit der ständig sich drehenden Scheibe ist insofern von einiger Bedeutung, als sie nie zu klein gewählt werden darf. Sie muß mindestens so groß sein, daß das Werkstück rechtzeitig zum Federanschlag befördert wird. Zu große Geschwindigkeit ist wegen der dann auftretenden Zentrifugalkräfte und des langen Gleitens des Werkstücks auf der Scheibe nach Ankunft am Anschlag nicht vorteilhaft. Daß sich die Geschwindigkeit so wählen läßt, daß das Werkstück gerade am Federanschlag ankommt, wenn die Greiferplatten zur Aufnahme sich öffnen, ist wegen der mancherlei Zufälligkeiten, die beim Einlegen mitspielen, nicht möglich.

Das Ergreifen der Blechscheibe durch die Greiferplatten wird kaum zu Anständen Anlaß geben können, wenn die Werkstücke nicht zu dünn sind und durch den Anschlag die richtige Lage gesichert ist. Das gleichzeitige Eingreifen von 4 Werkstücken, entsprechend den 4 Werkzeugen, kann je nach Form derselben zu mancherlei Schwierigkeiten führen, und beschränkt teilweise die Verwendung dieser Vorrichtung. Das Eingreifen muß sicher sein, damit Ungenauigkeiten in der Lage der Werkstücke vermieden werden. Es bedarf in dieser Hinsicht einer besonders sorgfältigen Durchbildung der Greiferplatten. Außerdem ist zu berücksichtigen, daß Verletzungen des Werkstückes durch zu starkes Klemmen vermieden werden müssen.

Die Teilung der Greiferplatten muß mit derjenigen der Werkzeuge genau übereinstimmen; außerdem muß der Vorschub sehr genau sein, da sich jeder kleine Fehler an allen 4 Werkzeugen bemerkbar macht. Die Genauigkeit des Vorschubs wird nicht unwesentlich von seiner Größe abhängen, und diese wieder von der Größe der Werkstücke und der Werkzeuge, da die notwendige Entfernung der letzteren hierfür maßgebend ist. Der Vorschub wird meist ziemlich groß sein müßen, so daß die Steigung der Schubkurve und die Hebelübersetzung nach den Greiferplatten ziemlich groß ausfallen. Hierbei könnten sich dann Ungenauigkeiten des Weges an der Schubkurve, entsprechend der Hebelübersstzung, vergrößert an den Greiferplatten zeigen. Diesen Ungenauigkeiten läßt sich hier nicht in derselben Weise begegnen wie bei der ähnlichen Anordnung des Revolverapparates.

Hinsichtlich der Vorschubgeschwindigkeit muß vor allem gesagt werden, daß der sonstige Vorteil der Schubkurve der großen Ausnutzung des Drehwinkels, hier wegfällt, da während der Schalt- und Ausholperiode gleiche Massen zu bewegen sind. Die Vorschubgeschwindigkeit wird übrigens, außer wegen der großen Vorschübe, unter sonst gleichen Verhältnissen auch deshalb größer als bei manchen anderen Vorrichtungen ausfallen, weil die Zeit, in der sich die Greiferplatten schließen, von der für den Vorschub gegebenen Zeit in Abrechnung kommt. Das Schließen darf aber, um Schläge zu vermeiden, nicht allzu schnell vor sich gehen. Inwieweit die Vorschubgeschwindigkeit auf die Umdrehungszahl und Leistungsfähigkeit der Presse von Einfluß ist, wird von Fall zu Fall zu entscheiden sein. Jedenfalls kann gesagt werden, daß ihre Begrenzung meist durch die maximale zulässige Vorschubgeschwindigkeit eintreten wird. Es wird nur dann kein Einfluß vorhanden sein, wenn die Arbeitsgeschwindigkeit der Werkzeuge bestimmend wirkt.

Ein unbedingtes Erfordernis für die richtige und gute Wirkungsweise dieser Vorrichtung sind auch die Ausstoß- bzw. Abstreifvorrichtungen, die das bearbeitete Werkstück so auf die Matrize bringen, daß es von den Greiferplatten richtig und sicher ergriffen und zum nächsten Werkzeug befördert werden kann.

Es darf nicht verkannt werden, daß diese Materialzuführungsvorrichtung sehr hohe Genauigkeit in der Herstellung, sowohl der Werkzeuge als der Vorrichtung selbst, erfordert, und daß die Vielteiligkeit des Mechanismus zu verhältnismäßig großer Abnutzung und damit zu Ungenauigkeiten im Vorschub Anlaß geben kann. Außerdem wird der Kraftverbrauch ziemlich groß sein. Immerhin wird diese Vorrichtung für gewisse Spezialzwecke bei guter und genauer Ausführung und richtiger Durchbildung der Bewegungsmechanismen ihren Zweck erfüllen und zugleich eine wirksame Verhütung von Fingerverletzungen des Arbeiters darstellen. Der für Mehrfachziehpressen bei Massenherstellung häufig angewendete, früher besprochene Revolverapparat erscheint aber für gewisse Zwecke in mancher Hinsicht überlegen.

6. Materialzuführungsvorrichtung mit Zuführungsketten. Diese durch das D.R.P. 167 756 geschützte Zuführungsvorrichtung dient dem Spezialzweck, einzelne Teile von Werkstücken, welche zu einem Ganzen durch Pressen verbunden werden sollen, selbsttätig unter das Werkzeug zu führen. Der Zweck wird dadurch erreicht, daß über einer Transportkette, welche die zusammengesetzten Teile des Werkstücks unter den Preßstempel bringt, eine oder mehrere die Einzelteile aufnehmenden Transportketten rechtwinklich angeordnet sind (Fig. 63). Sämtliche Transportketten werden so zwangläufig bewegt, daß die zu vereinigenden Teile der Werkstücke sich abwechselnd übereinander befinden. Wenn dies der Fall ist, werden die in die oberen Ketten eingelegten Teile durch seitlich am Stößel der Presse angebrachte Stifte auf die in der unteren Kette befindlichen Teile durchgestoßen. Die untere Kette führt sie dann dem Werkzeug zu, wo sie zu einem Ganzen gepreßt werden. Die Kettenglieder bedürfen je nach dem einzulegenden Teilstück entsprechende Ausbildung, wobei federnde Klemmbacken in jedem einzelnen Kettenglied notwendig werden, wenn das Teilstück beim Durchstoßen keinerlei Veränderung erleiden darf. Die intermittierende Bewegung der Ketten wird bei der in der Patentschrift dargestellten, für die Herstellung von Druckknöpfen bestimmten Vorrichtung durch Kurbeltrieb mit Friktionsschaltrad erreicht.

Was den Antrieb anbetrifft, so gilt das hierüber früher Gesagte (S. 46 ff.); die erforderliche Genauigkeit des Vorschubs macht hier das Friktionsschaltrad notwendig, das bei richtiger Durchbildung seinen

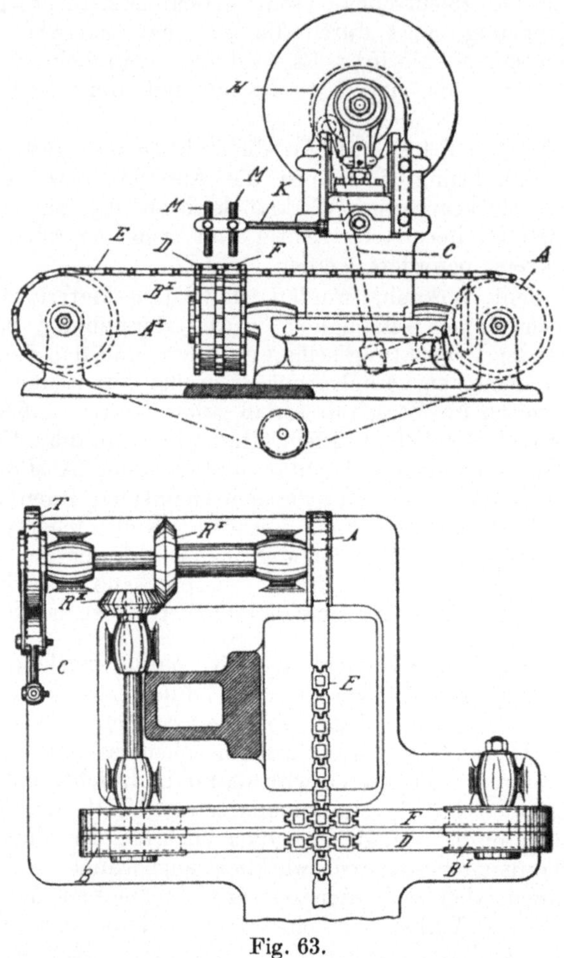

Fig. 63.

Zweck vollständig erfüllt. Um die Genauigkeit des Vorschubs zu erhöhen, ist ein großer Schaltradius und dementsprechend großer Schalthebel gewählt. Der gewünschte Vorteil wird hierdurch erreicht. Es ergibt sich aber hieraus auch ein verhältnismäßig großer Totgang zum Ausheben des Friktionshebels, größere Massen und erhöhte Umfangsgeschwindigkeit des Kurbelzapfens und des Angriffspunktes der Zugstange am Schalthebel, die sich insbesondere durch erhöhte Massenkräfte der Zugstange nachteilig bemerkbar machen können.

Die direkte Übertragung der Bewegung auf die eine Kettenrolle, welche die zum Werkzeug führende Kette betätigt, gibt zu keinerlei Bedenken Anlaß. Jedoch kann die durch die Winkelräder vermittelte Bewegung zu Ungenauigkeiten führen, insbesondere bei eintretender Abnutzung. Da die Ketten durch Reibung mitgenommen werden, eine feste zwangläufige Verbindung also nicht vorhanden ist, so kann bei hoher Vorschubgeschwindigkeit leicht ein Gleiten der Ketten auf den Rollen eintreten, zumal die Berührungsfläche der Kettenglieder mit den Rollen eine ganz geringe ist. Hierdurch würde aber der ganze Vorschub illusorisch, indem die einzelnen Kettenglieder nicht mehr übereinander zu stehen kommen, wenn nicht gerade ein gleichmäßiges Gleiten der Ketten eintritt. Hält man sich noch vor Augen, daß beim Inbetriebsetzen die durch Versuche am Walzenapparat nachgewiesenen starken Stöße ein solches Gleiten begünstigen, so muß die richtige und betriebssichere Wirkungsweise dieser Vorrichtung sehr angezweifelt werden. Dies muß um so mehr geschehen, als es hierbei wegen der kleinen Werkstücke und des kleinen Vorschubs auf große Genauigkeit ankommt und die Ketten sehr genau übereinander zu stehen kommen müssen.

Auch die Vielteiligkeit der Vorrichtung, insbesondere der Ketten, die eine genaue Herstellung in Hinsicht auf die Mittelabstände erforderlich machen, gibt zu mancherlei Bedenken Anlaß. Sie stellen ein sicheres Erreichen des bestimmten Zwecks in Frage, ganz abgesehen davon, daß ein ungleiches Strecken der Ketten eintreten kann und eine Abnutzung unvermeidlich ist. Wenn man sich außerdem vergegenwärtigt, daß der bedienende Arbeiter jeweils 3 verschiedene Werkstücke in verschiedene Kettenglieder einlegen muß, so wird man ohne weiteres zugeben müssen, daß hierbei leicht ein Fehleinlegen vorkommen kann. Damit können sich aber fehlerhafte Arbeitsstücke, wenn nicht sogar Defekte der Kette oder des Werkzeugs einstellen. Aber selbst wenn solche Fehler vermieden werden, so bedeutet das Einlegen der Teilstücke immerhin eine bedeutende Anstrengung des Arbeiters.

Wegen der erwähnten Bedenken wird die Umdrehungszahl trotz des kleinen Vorschubs verhältnismäßig niedrig gehalten werden müssen, um ein befriedigendes Arbeiten zu erzielen. Obgleich hierdurch die Leistungsfähigkeit sich vermindert, so wird doch dadurch, daß mit einem Arbeitsgang dasselbe erzielt wird, was früher nur durch zwei- oder mehrmalige Behandlung erreicht werden konnte, in den gesteckten Grenzen, und wenn den im vorstehenden erwähnten Nachteilen geeignet begegnet wird, eine Erhöhung der Leistungsfähigkeit gegen früher durch sachgemäße Verwendung dieser Zuführungsvorrichtung erzielt werden können.

IV. Kombinationen.

Die unter der Bezeichnung „Kombinationen" zusammengefaßte
4. Gruppe umfaßt alle die Materialzuführungsvorrichtungen, die eine
Kombination von zwei oder mehreren der behandelten Vorrichtungen
darstellen. Hierbei kann dann z. B. die Zuführung des Materials in Form

Fig. 64.   Exzenterpresse mit kombinierter Materialzuführungsvorrichtung.
(L. Schuler.)

eines Blechstreifens durch die eine Vorrichtung erfolgen und die Weiter-
führung der ausgestanzten Werkstücke unter ein zweites Werkzeug
derselben Presse durch eine andere. In der Hauptsache sind diese Ausführungen, aus nachher noch zu erwähnenden Gründen, sehr beschränkt.
Zwei Anordnungen findet man da und dort, und zwar die Kombination
von Walzen- und Revolverapparat (Fig. 64) und die von Walzen- und
Schieberapparat.

Der Einbau erfolgt meist nur in kleinere Pressen, die zur Massenherstellung von allerlei kleineren Fassonartikeln wie Haften, Fassungen,
Glühlampenteilen usw., dienen.

Die Anordnung der beiden Vorschubapparate ergibt den Vorteil, daß mehrere Operationen, wie Schneiden, Stanzen oder Ziehen und Lochen oder Prägen, ohne Zwischenhantierung auf einmal ausgeführt werden können. Die Presse ist dann meist so eingerichtet, daß sie nicht nur mit beiden Zuführungsvorrichtungen, sondern auch mit jeder für sich oder auch ohne jeglichen Vorschubapparat benutzt werden kann.

Da die einzelnen Zuführungsvorrichtungen sowohl hinsichtlich Antriebes als konstruktiven Aufbaus nichts besonderes gegenüber den schon behandelten gleichen Vorrichtungen zeigen, so sei hierauf verwiesen. Es wäre nur noch das Zusammenwirken, die gegenseitige Beeinflussung und Abhängigkeit der Vorrichtungen und der Einfluß auf die Presse selbst zu beleuchten.

Die zur Bearbeitung nötigen zwei Werkzeuge sind in einem Stößel befestigt, wodurch ein gleichzeitiges Arbeiten derselben gegeben ist. Damit werden auch die beiden Zuführungsvorrichtungen gleichzeitig arbeiten müssen, was durch geeignetes Versetzen der Schubkurve und Schaltscheibe leicht erreicht werden kann. Hierbei ist aber zu berücksichtigen, daß, sofern die Dauer der Arbeitsperioden nicht' gleich, für die Konstruktion des Profils der Schubkurve die größere maßgebend ist. Beim Beginn des Vorschubs müssen die Stempel außer dem Bereich des Blechstreifens bzw. der Revolverscheibe oder des Schiebers sein. Da meist hierfür die Arbeitsperiode des zum Revolver- oder Schieberapparat gehörigen Werkzeugs maßgebend sein wird, so ergibt sich auch hier in der Konstruktion des Profils der Schubkurve keine Änderung gegen früher (S. 88 ff.).

Die Breite des zugeführten Blechstreifens wird dadurch bedingt sein, daß bei jedem Niedergang nur ein Werkstück ausgeschnitten werden darf, da der Revolver bzw. Schieber nur eines aufnehmen und unter das zweite Werkzeug befördern kann. Es ist zweifellos, daß dieser Umstand einen verhältnismäßig hohen Materialabfall bedingt, der sich bedeutend verringern ließe, wenn die Anwendung eines mehrfachen Schnittes möglich wäre.

Sieht man von den konstruktiven Schwierigkeiten, welche die Anordnung des Schnittes über dem Revolverteller macht, und von einem etwaigen Hängenbleiben des Werkstücks im Schnitt selbst ab, so kann es immerhin noch vorkommen, daß das Werkstück beim Einfallen in den Revolverteller oder Schieber eine Schräglage annimmt, die fehlerhafte Arbeitsstücke zur Folge haben kann. Die Kontrolle der richtigen Lage der Werkstücke im Revolverteller bzw. Schieber bleibt Sache des bedienenden Asbeiters. Die Betriebssicherheit wird durch diesen Umstand wesentlich beeinflußt. Man sieht hieraus deutlich, wie ein richtiges, einwandfreies Arbeiten der einen Vorrichtung ein solches der anderen voraussetzt, und daß bei irgendeinem Defekt einer Vorrichtung oder eines Werkzeugs die ganze Maschine stillgesetzt werden muß, bis der Schaden gehoben ist. Ein Weiterarbeiten mit einer Vorrichtung ist ohne Zuhilfenahme einer zweiten Presse, die einen der beiden Arbeitsgänge aufnimmt, unmöglich.

8*

Was nun die Leistungsfähigkeit der Presse mit kombinierter Zuführungsvorrichtung anbelangt, so wird es sich hierbei um die Beantwortung der Frage handeln, wodurch diese bestimmt bzw. begrenzt ist. Sofern nicht Rückischten auf die zu bearbeitenden Werkstücke, also z. B. Ziehgeschwindigkeit usw. bestimmend wirken, was übrigens hier selten der Fall sein wird, wird es die eine oder andere Vorrichtung sein, welche durch ihre zulässige Vorschubgeschwindigkeit Umdrehungszahl und Leistungsfähigkeit der Presse bestimmt. Wenn sich auch absolute Normen hierfür nicht aufstellen lassen, so kann doch soviel gesagt werden, daß eine nur mit Walzenapparat ausgestattete ähnliche Exzenterpresse eine wesentlich höhere Umdrehungszahl aufweist als eine gleiche mit den zwei Vorrichtungen. Daraus erhellt, daß sowohl Umdrehungszahl als Leistungsfähigkeit durch die zum Weiterverarbeiten angebrachte Vorrichtung, also Revolver bzw. Schieberapparat bestimmt wird, sofern nicht die obigen Gesichtspunkte besonders hervortreten. Hieraus folgt aber ohne weiteres, daß die Umdrehungszahl und Leistungsfähigkeit der Presse, die der erste Vorschubapparat wohl zulassen würde, durch die Kombination der beiden Vorrichtungen unter gleichen Verhältnissen nicht erreicht werden kann. Wollte man die Leistungsfähigkeit noch mehr steigern, so würde es ein unbedingtes Erfordernis sein, diese gegenseitige Abhängigkeit durch Verwendung von Pressen mit je einem Vorschubapparat aufzuheben und durch geeigneten Bau des Revolverapparats die Leistungsfähigkeit der Presse mit Revolverapparat der mit Walzenapparat anzupassen. Es darf hierbei selbstverständlich nicht außer acht gelassen werden, daß Anschaffungs- und Betriebskosten sich erhöhen und ein Zwischenhantieren zwischen den beiden Arbeitsprozessen notwendig wird. Da wo es sich aber um Erreichung der höchsten Leistungsfähigkeit handelt, wird zweifellos dieser Weg beschritten werden müssen. Im anderen Fall dagegen, insbesondere im Kleinbetrieb, erfüllen die Pressen mit kombinierten Materialzuführungsvorrichtungen bei geeignetem Bau ihren Zweck vollständig.

Wenn ich diese Arbeit schließe, so bin ich mir sehr wohl bewußt, daß die Behandlung des Gegenstandes insofern keine erschöpfende ist, als außer den angeführten Materialzuführungsvorrichtungen an Exzenter- und Ziehpressen noch manche vorhanden sind, die entweder sehr wenig bekannt oder von den ausführenden Firmen als Fabrikgeheimnis gehütet werden. Doch war es mir auch weniger um eine erschöpfende Behandlung des Gegenstandes zu tun als darum, die typischen Ausführungen, insbesondere deren Schattenseiten, vor Augen zu führen. Hierbei legte ich den Hauptwert auf möglichst erschöpfende Behandlung der am weitesten verbreiteten und am häufigsten verwendeten Vorrichtungen, während es mir bei den anderen nur darauf ankam, die Hauptpunkte herauszugreifen. In der Beurteilung der hauptsächlichsten Vorrichtungen war ich bemüht, sie auf mathematische Grundlage aufzubauen, die zugleich leitende Prinzipien für die Neukonstruktion darstellen soll. Außerdem ist die Beurteilung eine rein sachliche, da ein persönliches Interesse für mich nicht vorhanden war.

Wenn man die Ausführungen überblickt, so sieht man einerseits die verschiedenartigen, weitgehenden Ansprüche, welche die heutige moderne Technik auch an den Blechbearbeitungsmaschinenbau, insbesondere an die Materialzuführungsvorrichtungen, stellt. Man sieht aber auch, wie sich die erfinderische Seite des menschlichen Geistes hier ein weites, reiches Feld der Tätigkeit gesteckt und es gepflügt hat. Man sieht, wie der Gedanke einzelner in wechselseitige Beziehung tritt zum Kulturfortschritt und zur gesamten Menschheit, deren Wünsche und Bedürfnissen entgegenkommend, gebunden an Raum und Zeit und die ehernen, unumstößlichen Gesetze der immer schaffenden Natur. Hier reiht sich eine gewisse ideelle Bewertung des Geschaffenen würdig an die Seite der praktischen, und vorurteilsfreie Kritik wird auch dieser ihre Berechtigung nicht absprechen können. Sie wird aber außerdem im Blick auf die Geschichte eine enge Beziehung zu der sozialen Frage nie verkennen dürfen

---

Zum Schlusse ist es mir ein Bedürfnis Herrn Professor A. Widmaier für die Anregung zu dieser Arbeit und Herrn Professor Dr. Stübler bestens zu danken. Zugleich möchte ich meinen Dank den Firmen E. W. Bliss Co. in St. Ouen bei Paris, Erdmann Kircheis in Aue (Sachsen) und L. Schuler in Göppingen für ihr überaus frdl. Entgegenkommen und die Unterstützung zum Ausdruck bringen.